U0311660

西方建筑史丛书

# 现代建筑

［意］保罗·法沃莱　著　孙超群　译

北京出版集团公司
北京美术摄影出版社

Original Title Storia dell'architettura Moderna
Text by Paolo Favole

**图书在版编目（CIP）数据**

现代建筑 /（意）保罗·法沃莱著；孙超群译. — 北京：北京美术摄影出版社，2019.2
（西方建筑史丛书）
ISBN 978-7-5592-0198-0

Ⅰ．①现… Ⅱ．①保… ②孙… Ⅲ．①建筑艺术—西方国家—现代 Ⅳ．①TU-861

中国版本图书馆CIP数据核字 (2018) 第239200号

北京市版权局著作权合同登记号：01-2015-4555

责任编辑：耿苏萌
助理编辑：刘慧玲
责任印制：彭军芳

西方建筑史丛书

# 现代建筑
## XIANDAI JIANZHU

［意］保罗·法沃莱　著

孙超群　译

出　版　北京出版集团公司
　　　　北京美术摄影出版社
地　址　北京北三环中路 6 号
邮　编　100120
网　址　www.bph.com.cn
总发行　北京出版集团公司
发　行　京版北美（北京）文化艺术传媒有限公司
经　销　新华书店
印　刷　鸿博昊天科技有限公司
版印次　2019 年 2 月第 1 版第 1 次印刷
开　本　787 毫米 × 1092 毫米　1/16
印　张　8
字　数　160 千字
书　号　ISBN 978-7-5592-0198-0
定　价　99.00 元
如有印装质量问题，由本社负责调换
质量监督电话　010-58572393

# 目录

# 引言

20世纪初，精神文化领域掀起了一股超凡的革命性思潮，这股思潮以反抗折中主义的沉闷和繁复的传统花叶饰为特征，文学、音乐和绘画概莫能外。短短几年之间接连涌现了立体主义、未来主义、抽象画派、至上主义和旋涡主义等，艺术家们通过这些异彩纷呈的流派积极寻找新的表达方式以充分展现个人的感觉。

这一时期在美国较为活跃的是弗兰克·劳埃德·赖特，他成功创建了独特的美式建筑语汇，相对独立于其他风格而存在。在欧洲，一些建筑师创建了今天被称为"早期理性主义"的流派，这一流派受到了新兴的工程技术的影响和维也纳学派的影响，也包括赖特的作品以及英国建造艺术带来的启发。但是这些思潮都因为第一次世界大战的爆发而被阻断。战后，在一种强烈期盼秩序回归的氛围中出现了其他新的艺术思潮，比如达达主义、纯粹主义、理性主义。这些思潮有两个共同的源头：荷兰风格派运动（1917年），他们在设计准则中追寻绝对的抽象，力争去除繁杂的装饰；包豪斯主义（1919年），这个德国学派的设计和实践实际上影响了许多领域，从建筑到戏剧，从手机到地毯甚至到舞台布景，不一而足。

在荷兰和德国，艺术家们注重表达主义的作品都非常具有原创性，传播广泛，其中古典主义的回归也有迹可循。1925年巴黎世博会开启了装饰艺术的时代，将这种强调线条和色彩的实用性的风格推向整个欧洲和美国，并取得了巨大的成功。还有影响广泛的现代派运动，欧洲著名的建筑师们都参与其中，比如瓦尔特·格罗皮乌斯、埃瑞许·孟德尔松、密斯·凡·德罗、勒·柯布西耶、阿道夫·鲁斯、雅各布斯·奥德，威廉·马里努斯·杜多克，以及俄罗斯构成主义，柯布西耶展开的广泛的理论和实践的激进主义。建筑师们通过召开国际会议，开办展览，发行杂志以及成立国际现代建筑协会（CIAM）传播新的理念。

20世纪30年代，构成主义和包豪斯流派逐渐在政治中湮没。学院派碑铭主义、理性主义和"九百派"共存。

4页图
**勒·柯布西耶，萨沃伊别墅楼梯，1928—1931年，普瓦西，法国**

设计师设计了两种竖向的空间联结：长长的坡道和螺旋状的楼梯，灵感来自于构成主义雕塑和立体主义绘画。

# 1900年至第一次世界大战期间

    20世纪的第一阶段（直到1914年），许多不同的建筑流派并存且各有特点：折中主义发展到新哥特式风格阶段的建筑；欧洲大陆北部国家流行的浪漫主义；在意大利、法国和比利时兴起的新艺术派，这一流派也影响到西班牙、英国与荷兰；维也纳分离派；充满奇想并强调为普通民众所用的现代派建筑（常常混杂着新艺术风格），用钢铁和玻璃建造的强调功能性的建筑，用于温室、车站和画廊等。古老的19世纪风格仍然若隐若现，又带着一些创新的冲劲，这或许是每个时代发展的共同特点。如果建筑是历史表达的物理形式，那么即使是19世纪末20世纪初巴黎的"美丽年代"也需要在特定的历史环境下才能得以自洽：那时文化力量相对处于弱势，城市化和工业化是发展的主脉。其后短短几年的时间里开始形成了"革命性"的先锋运动，不管是属于积极主义还是消极主义，是关注自身周围还是关注土著文化或非洲文化，这些新兴思潮与形象艺术、音乐和文学紧密相连，当然不可避免地影响到建筑形式。其中便出现了早期的理性主义，主要是在法国、德国和奥地利。这要归功于当时出现的几位大师，托尼·加尼叶、奥古斯特·贝瑞，以及使用混凝土的先驱约瑟夫·霍夫曼、阿道夫·鲁斯和瓦尔特·格罗皮乌斯。随后出现的还有德国第一个设计组织——德意志制造联盟，他们强调严格的功能性，对家具等的风格进行重新设计进而影响到建筑风格。

下图
**约瑟夫·霍霍尔，霍代克公寓立面细节，1913—1914年，布拉格，捷克**

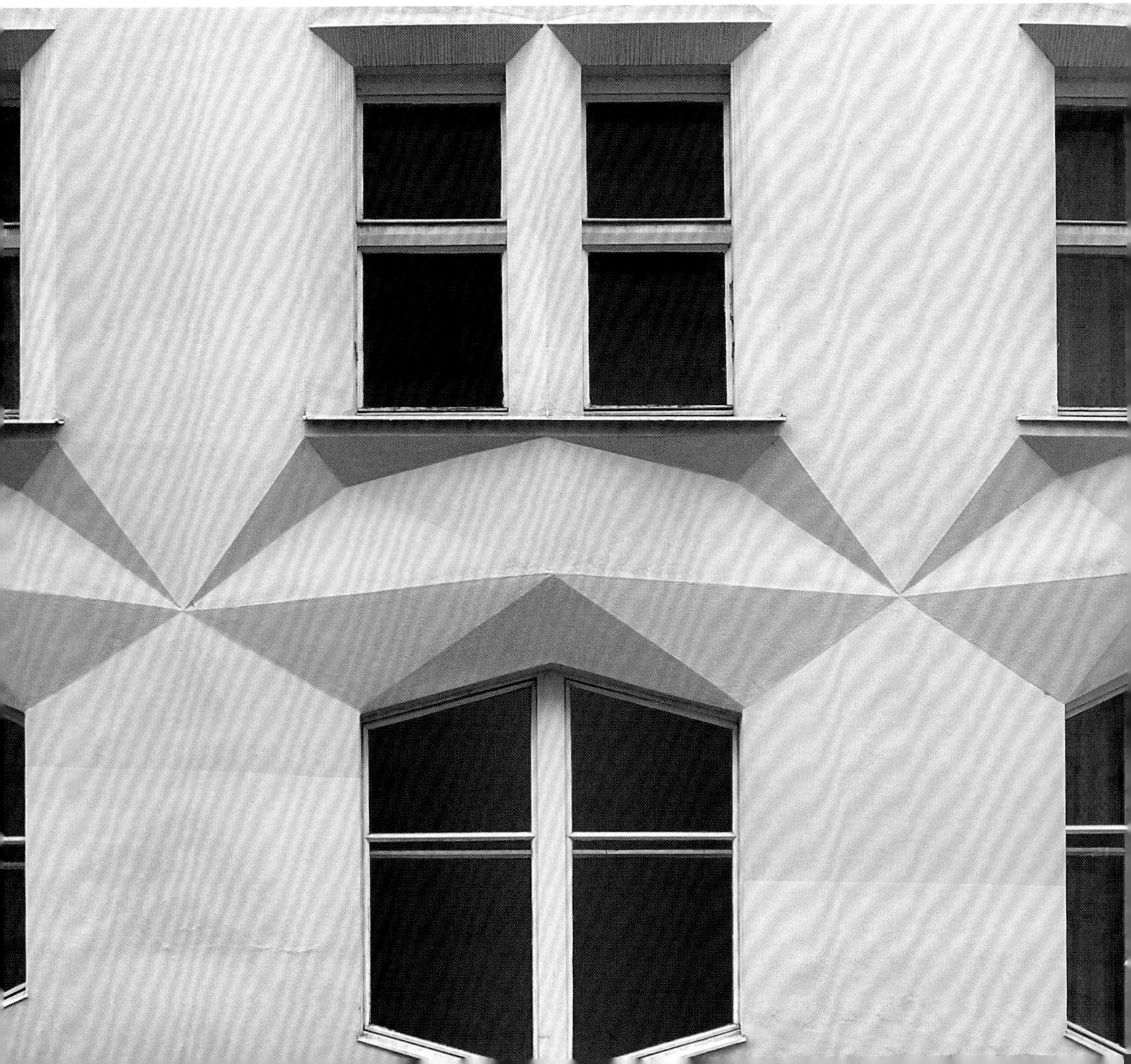

## 新的视觉语言

对传统流派的反抗和超越是由一场新的视觉语言革命带来的，由绘画领域的先锋派运动发端，具体来说有立体主义、未来主义、抽象画派、至上主义和旋涡主义等。为了脱离画布的二维限制，打破传统形象、透视法的禁锢以及绘画对象的静止性，新画派拒绝任何形式的逢迎。他们创新的力量来自两个方面：一方面，工业机械的进步使得物体的运动形式和速度给人的感受都与以往不同；另一方面则是艺术家所获得的自由的灵感。

发生变革的中心是米兰、巴黎和莫斯科。这些艺术运动传播的现代理念，借力于社会进步与现代工业的直接关系，以及绘画形象的鲜明特征对大众的创新需求的呼应，在整个国际社会取得了成功。这场在视觉艺术、文学和音乐领域掀起的革命虽然迫于很多因素的限制而只能被称为波澜暗涌，但对于两次世界大战之间的那个年代却有着不容置疑的影响。

感谢这些新的视觉语言趋势的涌现，才使现代建筑的新风尚成为可能，所有过去的风格都不再必须是参考的样本，对称的追求也不再是不可或缺的。人们可以接受简单明快的几何形状的运用，比如正方形、立方体或者棱体并接受去除那些令人眼花缭乱的装饰。

艺术家和画家们对灵感的内向追寻最终演变为对自身社会地位的确认，对社会需求的辨识以及不可回避的与科技和工业发展的互动关系。

下图

**雅各布斯·约翰内斯·皮埃特·奥德，海滩上的联排公寓，1917年**

这座建筑被设计得像许多并排摆放在一起的摊开的书卷，但是其中每间单独的公寓又各有分隔，不论是横向还是纵向。每间公寓都被从外观上简化为纯粹的几何图形。

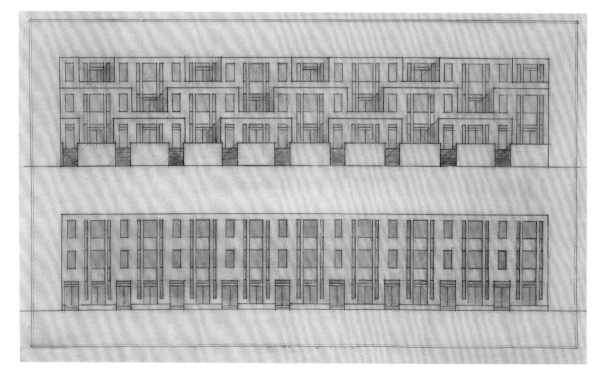

**左上图**

**毕加索，《弹曼陀林的女子》，**
**1910年**

　　立体主义作为先锋运动的艺术语言之一，寻求从多视角观察和描绘物体，引入了第四维度：时间。对于建筑的影响则体现在捷克学派，他们受到了立体主义直接的影响，以及抽象主义、构成主义和风格派的间接影响。立体主义为建筑指明了一个新方向。

**右上图**

**安东尼奥·圣·埃利亚，《电力中心》，1914年**

　　未来主义在建筑中的诠释是由安东尼奥·圣·埃利亚（1888—1916年）和马里奥·奇亚托内（1891—1957年）完成的。他们曾共同在米兰工作过一段时间，虽然并未留下太多实际的建筑作品，但给后世的影响较大。新的建筑设计体现了工业的发展、能量的生产和传送：工厂、火车站、电力中心、桥梁、居民区等的建筑设计都强调建筑和装置的结构性和功能性。

　　圣·埃利亚的设计充满了新意，是同时代的其他建筑难以匹敌的。他的设计构造充满活力，每栋建筑都是物理空间的巧妙堆叠和形状的简洁拼接，电梯、楼梯和绳缆索道（火车或者电车的）都留在明处。管道、烟囱、布线和隧道则体现了技术的演进。

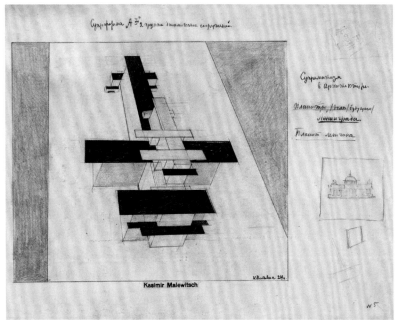

**右图**
**乔治·德·基里科，《出发时的焦虑》，1913年**

11页图

**乔万尼·圭里尼，厄尼斯托·布鲁诺·帕杜拉，马里奥·罗马诺，意大利文化宫，1938—1943年，罗马，意大利**

形而上画派对20世纪的建筑产生的直接影响体现在空间的简化、古典装饰的几何化以及立面的抽象化上，多见于意大利20世纪20—40年代的道路和广场。意大利文化宫代表了那一时期简化的新古典主义的风格，体现了形而上画派最直接的影响。

VN POPOLO DI POETI DI ARTISTI DI EROI
DI SANTI DI PENSATORI DI SCIENZIATI
DI NAVIGATORI DI TRASMIGRATORI

# 捷克立体主义

即使一直被孤立在奥匈帝国的版图之外，布拉格也从来都是国际文化的中心之一。1910 年前后这里也迎来了视觉艺术的新风，主要是立体主义和未来主义。那些跟随潮流的艺术家们自成体系，共同致力于创新。

1911 年"纯粹艺术家小组"成立了，成员们将立体主义的灵感赋予建筑，使其具有几何构图的特征。这一组织持续的时间较短，但影响巨大，成为十分有趣和独特的现象。

艺术家们进行尝试的建筑对象有别墅也有大型公寓，框架结构带大窗户（弓形窗和复折屋顶），这种风格也体现在都市家具上。立体主义的特色体现在对建筑表面的处理上，不管是边框、山墙内的三角饰面、柱子还是窗户，所有涉及的立面都以几何切割来处理，大平面被细分成更多小的三角面和不规则的四边形。没有着色，立体主义的目标就是用几何的抽象构图来置换新艺术派的装饰，将物体本身非物质化，用不断变化的线条、空间和光影达到效果。

这些建筑师没有太多国际声望，但是新艺术派大师扬·科特拉也曾参与其中，甚至康斯坦丁·布朗库西也将自己"无尽之柱"的设计借鉴到立体主义路灯。"纯粹艺术家小组"在 1915 年因为战争而解散，他们在布拉格留下了自己的作品，其艺术影响一直延伸到德国的表现主义，甚至影响到 1925 年巴黎博览会的新装饰派风格。

左下图

**埃米尔·克拉里塞克，马赛厄尼斯·布勒夏，路灯，1912年，布拉格，捷克**

板凳形的柱基和切割棱柱的组合。

右下图

**康斯坦丁·布朗库西，无尽之柱，1918年，提古丘，罗马尼亚**

雕塑家最为著名的作品，给布拉格路灯的设计提供了灵感（如左下图），同样的形态重复多次出现。

13页图

**约瑟夫·霍霍尔，霍代克公寓大楼，1913—1914年，布拉格，捷克**

捷克立体主义的代表性建筑之一，以使用六边形柱子和双三角形的斜面来处理棱角处阳台的建筑方法而闻名。

# 早期理性主义

　　1900—1915 年，建筑流派中出现了理性主义，相较于之后 1920 至 1940 年的发展，我们可以称其为"早期理性主义"。这些建筑师们较为独立，每个人都有自己的探索道路和表达特点。这一流派的特征是大量使用金属和玻璃，尽量利用工程技术最近 50 年以来取得的新成果，来建造温室、人行道遮篷和火车站等。1903 年由约瑟夫·霍夫曼和卡尔·莫斯共同成立了维也纳工作坊，制作一些简单几何结构的家用物件，采用了独特的装饰元素；德意志制造联盟推动了工业产品的设计生产；维也纳分离派经过一段装饰艺术时期，人们开始使用简明严格的立体几何空间进行表达；最后，由于 1910 年一家德国报纸的介绍，欧洲逐渐认识了赖特的早期作品。

　　前面几代大师的作品当然也被拿来作为参考。彼得·贝伦斯，虽然深受新古典主义的熏陶，但是在德国通用公司透平机工厂（柏林，1909 年）的

左图
**奥古斯特·贝瑞，庞泰露车库，1905年，巴黎，法国**
　　内部即是简单的工业厂房改成的车库。建筑外立面用巨大玻璃力图做到视线透明，然后用混凝土制成醒目的雷诺公司标志。

建造中使用玻璃和金属立面来替换大面积砖砌的结构，为后来的青年建筑师们所效仿：1910 年左右，格罗皮乌斯、米耶斯和柯布西耶都曾追随他一起工作。

约瑟夫·霍夫曼，分离派代表人物，于 1903 年设计珀克斯多夫疗养院，1914 年完成建造比利时布鲁塞尔的斯托克雷特宫，这两座建筑在分离派和早期理性主义的运动中都堪称杰作。这一时期其他人如加尼叶、贝瑞、鲁斯和格罗皮乌斯的作品，虽然在数量上并不丰富，但都是现代建筑史的奠基之作。1914 年第一次世界大战爆发，整个欧洲大陆除了荷兰与瑞士几乎全部参战，战争规模如此之大，使许多事物在战后已是面目全非。许多艺术家们卷入战争，有些不幸遇难；那些可贵的艺术探索也被迫中断，战后也难寻踪迹，在建筑史上这是一段持续数年的创伤性的沉寂。只有那些早期理性主义遗留的建筑作品作为自由探索的成果，虽然并未成为气候，但仍被后世参考借鉴，被战后的首批建筑杂志所介绍，并在其后数年间独领风骚。

上图

**约瑟夫·霍夫曼，普利玛维斯别墅，1913—1915年，维也纳，奥地利**

霍夫曼使用混搭的建筑语言，既有代表古典的立柱，也有其他流行的元素，比如复折屋顶，使建筑呈现严格的对称。建筑的每一部分都用几何线条进行设计，立柱的开槽、壁柱饰和窗饰，与同时期的新艺术运动的风格迥然不同。

# 德意志制造联盟

20 世纪初，德国逐渐成为领先欧洲的文化中心。这要归功于艺术家们的聚集、工业资产阶级的出现以及康德和海德格尔哲学思想的传播。其中，建筑师们组成不同的文化团体以传播手工业产品的理念，发扬新的建造技法。赫尔曼·穆特修斯（1861—1927 年）曾作为法国驻伦敦大使的随员去学习英国建筑，1907 年参与成立了德意志制造联盟（"德国手工业者联合会"）。这一组织实际上网罗了建筑师、艺术家和手工业生产者，目的是使得所有的物品生产和建筑都遵循三个原则：技术质量和审美双重的高标准要求；功能性与经济性兼顾；简洁的工业风格。威廉姆·莫里斯创立的工艺美术传统通过这些原则也在工业生产中得以保留和发扬。这一风气在 1910 年传播至奥地利，1913 年传播至瑞士，1915 年传播至英国。这些设计不仅与建筑有关，还与汽车、火车、船舶等新工业产品相关的工厂有关，也影响到办公室及家用家具。著名的建筑学家彼得·贝伦斯、分离派的画家和雕塑家汉斯·乌尔里希·奥布里斯特也参与其中。

穆特修斯在普鲁士工艺美术学校中进行相关的授课（为包豪斯学派前身）。1910 年赖特抵达德国，出版了关于独栋别墅创新见解的文集，1911—1912 年穆特修斯发表关于英国家居的文章，将新的理念推向私人住宅。

第一次世界大战爆发前，德意志制造联盟于 1914 年在科隆召开了战前最后一次年会。

下图
**位置图，1914年，科隆，德国**

在科隆年会上出现了两个意见相对的派别，分别是凡·德·维尔德支持的个性化设计和穆特修斯支持的工业化标准设计。这种分歧和第一次世界大战的到来使联盟的发展出现了停滞。

17页下图
**布鲁诺·陶特，德意志制造联盟玻璃展厅内部和外部，1914年，科隆，德国**

这栋玻璃建筑在当时来看是经过特意选择的，在作家和哲学家的描绘中这是创新的标志。布鲁诺·陶特为这座建筑加了圆顶，玻璃的结构设计和使用方式都是创新的。当时的建筑师都热衷于研究玻璃不同的用途。

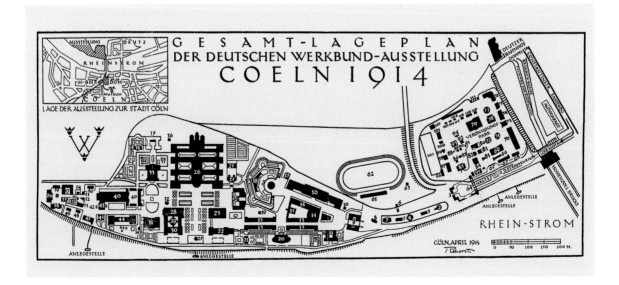

下图

**亨利·凡·德·维尔德，联盟剧场，1914年，科隆，德国**

此建筑虽然之后被拆除但仍有非常重要的意义。从外部可以看出建筑所有的构成部分：门厅、正厅、舞台等。因其具备清晰的结构分布，有人认为这栋建筑有早期理性主义的特征，但空间内的新艺术装饰元素也可被视作表现主义。

# 托尼·加尼叶

托尼·加尼叶（1869—1948年）的设计活动向两个方向展开：理想的城市布局设计和建筑。法国的学院曾资助他前往罗马停留学习，之后1904年加尼叶设计了一座规划35000居民的城市，在当时他是首位提出这个命题的设计师。加尼叶的设计方案相当高瞻远瞩，他设计的工业城市显然是将工业革命所可能带来的城市变革都考虑了进去。城市坐落在两条水系之间的平地上，地势平缓但边缘有山丘，通铁路，基础设施分布在平行的道路两旁，看起来非常像里昂。在这一方案中他提出了一些创新的思路：住宅区低密度且是开放式的，人行道与车道分开，绿化率非常高。这是一项先锋的乌托邦设计，1904年在巴黎展出时并未获得成功。加尼叶返回里昂，保持沉默并远离当时的是非辩论，但是1905年新任市长却找到他，想要在几项重要的公共建筑区域实施类似规划：市场（1909—1913年）、体育馆（1913年）、医院（1915年）、"合众国"街区（1920—1928年）。能看到自己的设计理想部分地成为现实对一个建筑师来讲可谓幸事。建筑的结构独特，样式新颖，前无古人。住宅区的建筑都是平顶，用水泥搭出曲线藤架和弓形窗，以及站台棚和绿化道路等。

19页上图

**托尼·加尼叶，家畜市场内部，1909—1913年，里昂，法国**

加尼叶建造的这座宽80米的大胆新颖的金属结构的建筑无任何先例可循，仅仅按照建筑学原理和功能进行建造设计，矗立在城市角落。

19页下图

**托尼·加尼叶，工业城市设计图，1904年**

这是加尼叶理想的未来城市，有工业分布区和工人住宅区。现今城市的变化确实是向着这个范本的方向发展，强调空间开放，道路绿树成荫。

左图

**托尼·加尼叶，体育馆入口，1913年，里昂，法国**

加尼叶设计的体育馆入口做了一些象征性装饰，使用了拱门和大台阶，比后来二三十年代的同样的标志性建筑更为领先。用此结构也为凸显钢筋混凝土这种新材料的优越建筑特性。一些细节装饰和边角的处理则接近早期理性主义的风格（如约瑟夫·霍夫曼），即将细节几何化处理。

# 奥古斯特·贝瑞

　　奥古斯特·贝瑞（1874—1954 年）是石匠的儿子，在建筑工地上开始了建筑专业的学习，并与两个兄弟于 1905 年加入一家建筑企业。贝瑞在工作过程中加深了对钢筋混凝土的特性了解和学习使用，钢筋混凝土也成为其钟情的选择：结构的凸显体现了建筑的真实性。他曾明确表示："建筑结构是建筑师的现代语言。"贝瑞的设计还颇具独创性，在钢筋混凝土的使用上领先时代数十年，也不同于那个时代注重装饰的风格。虽然远离巴黎的学院派，但他却被一批先锋青年奉为大师，柯布西耶曾有超过一年的时间追随他工作（1908—1909 年）。梁柱结构的外露带来了如何实现立面填充的问题：在他的第一栋作品——巴黎富兰克林大街公寓（1903 年）中，建筑立面用陶土做成花叶装饰（对新艺术风格的唯一妥协），门厅则用创新的玻璃砖。巴黎庞泰露车库（1905 年，已拆除）则是用玻璃立面，中央做了一个巨大的雪铁龙公司标志。关于坎比伊利斯剧院（1911—1912 年），他取代了原本的设计师亨利·凡·德·维尔德，该剧院是这一时期贝瑞投入心血最多的作品，他在大体量混凝土结构的运用中融入了古典元素。贝瑞还建造了许多其他的房子，都是在企业主的要求下完成的。他的建筑作品总体上跟 20 世纪 50 年代的审美比较吻合。

左图
**奥古斯特·贝瑞，坎比伊利斯剧院立面，1911—1912年，巴黎，法国**
　　这是贝瑞付出了巨大心血的建筑，外立面向古典主义让步，用水泥制作的一些装饰元素在建筑上反复出现。

上图

**奥古斯特·贝瑞，圣母院教堂内部，1922—1923年，勒兰西，法国**

　　贝瑞是建筑界的一位先锋派人物，但是第一次世界大战后在一些大型工程设计项目上他还是对古典传统有所让步，比如勒兰西圣母院教堂。使用钢筋混凝土的丰富经验使得贝瑞有能力完成这项杰作：这是一座厅式教堂，立柱非常细，墙壁设计则重新诠释了法国传统的哥特式风格。

# 阿道夫·鲁斯：早期活动

　　阿道夫·鲁斯（1870—1933 年）于 30 岁左右在维也纳开始了他的事业。此前的经历已经为他踏上建筑师之路奠定了一些基础：父亲是石匠，跟随父亲的工作使得他充分熟悉了大理石和木材；在美国芝加哥学习停留时（1893—1896 年）恰逢世博会举办，使他学习了解了美国当地的建筑流派的风格，这也是当时美国最先进的风格。泥瓦匠的工作经历坚定了鲁斯从事建筑行业的愿望，也加深了他对美国建筑界流行的实用和审美价值的理解（当时的美国道德要求严格，充满工作机会，强调专业竞争力）。1899—1915 年，鲁斯的作品包括一系列别墅、家具设计、一栋在维也纳的公寓大楼、埃及亚历山大的商业中心以及数量可观的评论：一本《其他》（1902 年），还有涉及时尚和饮食（1900 年《虚空中的语言》和 1930 年《即使拥有所有》）等诸多方面的文章。因为听力不佳，厌恶热闹，鲁斯始终是一个离群索居的形象，他的评论文章也是逐渐才受到重视。鲁斯的建筑中主要有两个特点：外部来看建筑为白色立方体，有明显早期理性主义的风格，简单来看可能会认为他是分离派分子；然而建筑内部却是元素丰富的，用大理石和木质饰面，重现 19 世纪维也纳的传统风格，但仍然注重对空间的几何形设计。

　　鲁斯的作品还有 1906 年在瑞士蒙特勒湖畔建造的卡玛别墅，1910 年以半圆柱形空间而闻名的斯泰纳住宅，1912 年欧洲第一个阳台带顶棚设计的肖依住宅。1910 年设计的亚历山大的商业中心为多层设计，玻璃窗被爱奥尼亚柱隔开，四层楼之间楼梯相连，与他战后的设计风格相符。

左图
**阿道夫·鲁斯，米歇尔广场的建筑外立面，1910—1911 年，维也纳，奥地利**

　　这座建筑位于历史街区，建在很高的大理石基座上，立面全无任何装饰，在当时备受抨击。但是鲁斯顶住了压力，为新建筑风格的开创提供了最好的范本。立面使用的一些宝贵元素，立柱和大理石基座，都预示了建筑内部的丰富空间（现已部分拆除）。

阿道夫·鲁斯，斯泰纳住宅外部（上图）设计图（左图），1910年，维也纳，奥地利

鲁斯为女画家莉莉·斯泰纳设计了这座住宅，画室位于一楼，通过一扇大窗户朝向花园。为了在周围建筑中不显得高度太突兀，将屋顶设计成弧形，用钢板覆盖。

# 瓦尔特·格罗皮乌斯：早期活动

瓦尔特·格罗皮乌斯（1883—1969年），德国人，建筑师的儿子，在柏林著名的贝伦斯事务所工作过几年后很早就开始独立执业（1906年），德意志制造联盟成员。

格罗皮乌斯最初设计一些农舍和工厂，甚至还有内燃机车。他的趣味跟折中主义或者新艺术风格相去甚远，独创了一种很有辨识度的新艺术语言——大面积使用金属和玻璃。在那个时期他几乎一直在设计各种温室、人行道顶棚或者车站顶棚，在制造联盟其他设计师的作品上探寻实现自己想法的可能，比如布鲁诺·陶特和路德维格·米耶斯，并参考未来主义建筑师安东尼奥·圣·埃利亚的设计。这一时期他的作品有位于阿尔费尔德的法古斯鞋楦厂和1914年德意志制造联盟科隆展览的展馆。格罗皮乌斯的想法非常易于跟工业建筑结合，将人们的想象逐步化为现实，不论这想象是来自工地上的工人还是文化层次更高的企业家阶层。19世纪初德国涌现了很多工业建筑，体量紧凑，集中了新中世纪风格和形式表达的探索，格罗皮乌斯引领了一种透明的和基本形式的设计理念，比一度在战后独领风骚的理性主义还要早几十年。

# 伟大的都市计划

　　19世纪晚期开始的城市扩张热潮逐渐对城市的发展规划的命题提出要求，需要设计师拿出优秀的规划范本。在大规模都市化进程的前夜，1776年美国总统托马斯·杰斐逊颁布的土地使用法规定了一种根据经纬线设计的模式，从城市道路一直到州界线的划分都有章可循，这项法令使得美国城市的规划以不可磨灭和容易辨识的方式保留下来。1893年举办博览会之后，芝加哥因其高瞻远瞩的城市规划而充满了文化活力。在阿姆斯特丹，19世纪末的人口扩张要求城市规划跨越以前巴洛克风的小格局，这项重任就落在了伯拉赫肩上。1901—1917年，他一直负责阿姆斯特丹南部新城的设计。另外，在新德里和堪培拉，伯拉赫在集中考虑城市规模和市民意愿的基础上对城市景观采取了英式花园的建筑风格，应用了传统的新月形（拱形建筑，在公共区域有一片草地）和环形（环绕广场或者中央草坪）以及那个时期对城市花园的的一些研究成果。不同于其他城市简单复制华盛顿的棋盘状规划，1882年阿根廷港口城市拉普拉塔和1885年巴西城市贝罗哈里桑塔的设计都像堪培拉一样有从中央广场放射出来的蜘蛛网状的道路，一个在南部以议会为中心，另一个在北部呈六边形。这些绿树成荫的道路延伸出其他广场，它们又构成了其他的蜘蛛网。

左下图

**丹尼尔·伯翰，芝加哥城市规划设计，1912年**

　　芝加哥的第一批规划者是丹尼尔·伯翰和爱德华·贝内特，1912年他们的规划奠定了城市基础的几条主要干道。

右下图

**亨德里克·伯拉赫，阿姆斯特丹南部城市规划，鸟瞰照片**

　　伯拉赫设计了几何形的网格状主干道以及一些分岔的小路，以使路网通透而非都是直线。

# 美国

美国的状况与旧大陆欧洲的情形截然不同。1900—1915 年是芝加哥学派兴盛的时期，这可以看作 19 世纪晚期运动的延伸。大量民用住宅设计在这一时期涌现，基本是木质结构，也会掺杂一些砖结构或者石头材质。由此出现了两个趋势：摩天大楼和赖特式设计。摩天大楼是典型的美国发明，尤其吸收了哥特式风格对于高度的追求，同时也展现了同折中主义的联系。赖特是建筑史上绝无仅有的独特人物，他的家庭住宅设计风格很好地诠释了美式生活的文化，在先锋文化和传统英国住宅之间取得了平衡。这种个性化的表达语言融合了地方特色、日式家居风格和新艺术派。这些建筑上的创新为赖特带来了极高的声望。1910 年他被邀请到欧洲参加他的建筑文集在柏林的发表仪式，这些文章迅速传播并引起影响，被影响到的就包括格罗皮乌斯和杜多克。

下图

**弗兰克·劳埃德·赖特，瓦德·威利茨住宅，1902 年，高地公园，伊利诺伊州，美国**

这是由赖特设计的第一栋房子，从室外走到房屋中心有一段距离。以房屋中心点为基础，向四个方向以十字的平面各向外延伸。窗户的样式、木头材质的使用和外墙白色灰泥层，都得益于 1893 年芝加哥博览会上看到的日本亭子建筑引发的灵感。这座房子同时也是和沃尔特·波利·格里芬一起设计完成，他是 1913 年堪培拉城市的设计师之一。

左上图

**拿破仑·勒布伦，大都会人寿公司大楼细节图，1909年，纽约，美国**

自建成之日起就成为当时最高的建筑，高达213米。这是一座高耸的四方形大楼，模仿钟楼的样式建造，尤其与威尼斯圣马可教堂钟楼相像。大楼上有挂钟，就像钟楼上的钟一样。

右上图

**卡斯·吉尔伯特，伍尔沃斯大厦，1913年，纽约，美国**

第一座运用哥特式建筑风格的摩天大楼，哥特式风格显然是最适合跟垂直高度241米的建筑结合在一起的风格。大楼顶端的设计与传统结合，采用金字塔形的青铜灯座。

# 弗兰克·劳埃德·赖特：早期活动

　　赖特仿佛是命中注定为美国建筑而生的人。他 1867 年生于威斯康星州，18 岁前往芝加哥，而后为了满足美国家庭的住宅需求而开始设计生涯，一生设计的住宅超过 200 座。他成为有机建筑的首位诠释者——在这一理念中建筑空间由内向外延伸。赖特先跟随住宅设计专家约瑟夫·莱曼·希斯比尔一起工作，然后又跟随芝加哥学派的领军人物路易斯·沙立文工作。从 19 世纪末到 1915 年，他设计的"草原式住宅"，运用空间元素的语汇如白色外墙和砖结构，间或引入日本风格或者新艺术风格。

　　房屋平面一般是线形或者十字形的，处在中心位置的是连廊。低矮的房子仿佛种在土地里，有巨大的屋顶和纤细的柱子，一般保持方向平行。连续的带状窗户，内部空间保持流动（有时甚至没有门）。

　　但同时代的其他建筑却是截然相反的风格。一般都是封闭的几何空间，一角有高塔，光线从高处进入。赖特设计的拉肯公司位于水牛城的办公楼（1904 年，已拆除）将大办公室放在中央，通过玻璃天窗采光，庭院可以通向不同楼层。橡树公园的寺庙（1906 年），由两个近乎立方体的空间连接而成，但在建筑内部空间通过框架和轮廓的设计呈坐标轴形分布。

29页图
**弗兰克·劳埃德·赖特，罗比住宅的外部（上图）和内部（下图），1909 年，芝加哥，伊利诺伊州，美国**

　　罗比住宅是赖特实现他对住宅建筑所有想法的一个范本。建筑的中心是连廊，是美国移民过程中最早建造的那种样式。从里向外空间逐渐扩展并在水平面上延伸，就像从带状的窗口可见的在窗外环绕延伸的平面一样。屋顶挑檐伸出很远。

**左图**
**弗兰克·劳埃德·赖特，综合教堂内部，1906—1908 年，芝加哥，伊利诺伊州，美国**

　　赖特的父亲曾在这座教堂担任神父，教堂内部用建筑元素设计（柱子和阳台式的听众席）以达到强调空间紧凑的效果，窗洞较少，光线只能从高处进来。

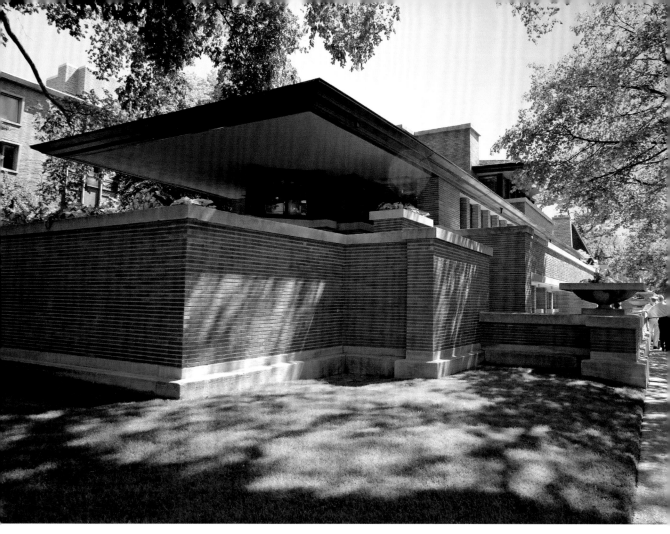

# 两个时代和两个大陆之间的赖特

赖特的事业拓展如此之广，以至我们只能用概述的方式来回顾。"草原式住宅"时期赖特创造了大量创新的建筑形象。1910年他的作品在柏林一经露面便迅速出版，并产生了明显的影响，比如对格罗皮乌斯（德意志制造联盟风格的工厂）以及凡·德斯伯格，对欧洲政治酝酿中的新建筑运动起到了促进作用。1911年赖特曾在意大利停留，在佛罗伦萨附近游历。回到美国之后，1915年他被邀请到日本设计东京的帝国酒店。这座酒店是一个层数不高的豪华酒店，由三个平行的内部庭院部分组成。这一时期赖特的创新灵感似乎有些枯竭，重复用了之前选择过的一些建筑和装饰样式。之后赖特选择继续留在日本五年，开始学习运用把一些日式风格杂糅到建筑元素中。最终他停留在洛杉矶生活，尝试了一些新玛雅风格的别墅建筑，明显借鉴了墨西哥尤卡坦州的乌斯马尔城和其他一些建筑，以他自创的技术使用了几何形空间，就是使用预制的有图案花纹的水泥砖来模仿细小重复的玛雅装饰。巴恩斯达尔住宅（1917年）和伊尼斯住宅（1923年）是风格复杂的建筑，有墨西哥风格以及金字塔状。帕萨迪纳市的米拉德住宅（1923年）则是在一股山间泉水之上的一个立方体空间建筑，因对柱子的细致装饰被称为"袖珍画"。在此之后的10年赖特基本没有作品问世。

31页上图
**弗兰克·劳埃德·赖特，帝国酒店的重建，1916—1922年，东京，日本**

赖特在日本生活的五年间先后设计了一所学校、一所车站和这座花园式的帝国酒店。为了适应当地文化，在建筑中加入了很多装饰元素。这座建筑经历了多次地震而完好无损，最终被拆除而后部分重建。

31页下图
**弗兰克·劳埃德·赖特，伊尼斯住宅，1923年，洛杉矶，加利福尼亚州，美国**

在加利福尼亚州生活期间，1917年之后赖特发明出一种表面印制装饰花纹的水泥方砖，建筑起来之后其立面得以模仿玛雅建筑，并杂糅了其他装饰元素。除了这一时期在加利福尼亚州的作品外，赖特在20世纪50年代的其他别墅中也使用了同样的技术。

左图
**弗兰克·劳埃德·赖特，米拉德住宅立面，号称"袖珍画"，1923年，帕萨迪纳，加利福尼亚州，美国**

米拉德住宅的空间是垂直版的模型，修建在山谷中。起居室的窗户是窄长的，墙壁用预制的带有花纹的水泥砖砌成。

# 第一次世界大战后

面对战争的重创，战后欧洲出现了风格截然不同的两个运动：表现主义和理性主义。

表现主义认为建筑师应该是艺术家，应该追寻潜意识中的灵感并在建筑物中实现独创性，让建筑如同手工的雕塑作品，或者像那些被经年的风雕刻的石头，又或者像熟练的手艺人的创作。

表现主义的文化渊源可以追溯到野兽画派和青骑士社，它们将自然物体以色彩的抽象方式表达出来，是谓艺术家的灵感。这一运动发展局限于德国与荷兰，为当地的文化环境所支持。表现主义强调一种极致的创造性，以至在真正的社会生活中找不到对应的立足之处，面对截然不同的社会生活需求只好早早消亡了。

与之相反的一种潮流是尽量净化一切造型艺术，不管是特定风格的、历史传统的还是花叶装饰的，艺术家要寻找新的确定性。《立体主义之后》是柯布西耶和画家奥藏方共同撰写的宣言，于1917年为纯粹主义奠基，代表着静态物品的非物质化趋势，挖掘纯粹的、流动的、可塑的形态，影响迅速扩散到建筑领域。荷兰的凡·杜斯堡在这条路上走得更远，将他自己的运动称为风格派、风格抽象并从中寻找蒙德里安式的平衡，吉瑞特·托马斯·里特维德也对自己的建筑作品进行了三维的诠释。

下图

**瓦尔特·格罗皮乌斯，包豪斯学院外立面，1925年，德绍，德国**

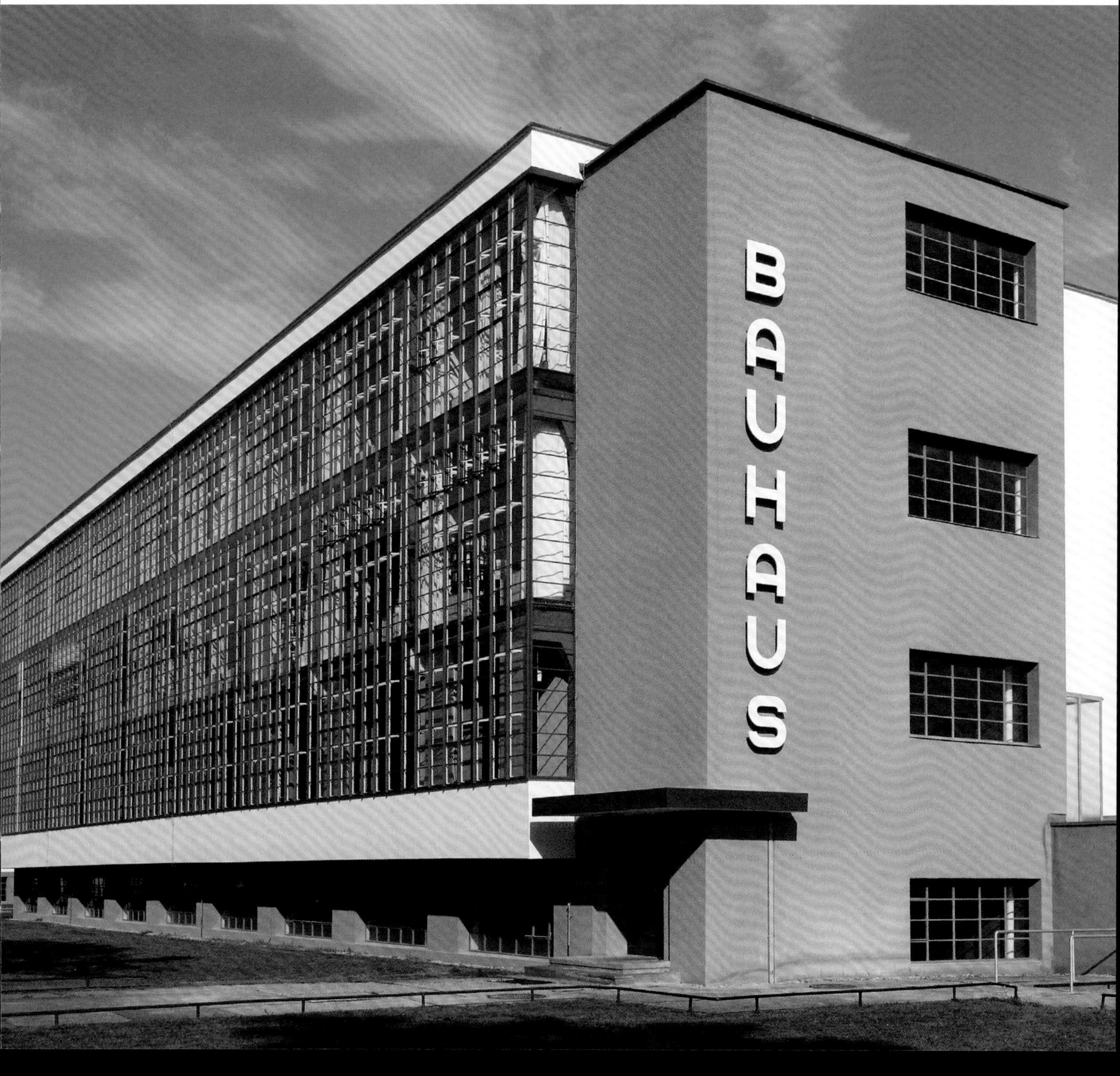

这是一项将所有建筑元素进行解构的工作，每个元素都得以保留着自己的结构和特征。这是一项细致的分析工作，去除了同时代建筑中的对称，确认黑白两色为基础色，唯一功能就是辨识极少数的构成元素：因为太过极端，风格派很快便走到了尽头。

挑战和嘲弄一切约定俗成的传统、反对既定的审美标准的达达主义（1916年），在艺术层面宣扬将物品转化为与它们的日常相反的形象，尤其反对中产阶级的生活方式，也间接支持了一些新潮的研究。

1919年格罗皮乌斯应魏玛大公之聘，继任魏玛公立建筑学校校长。此校专攻建筑和工业艺术，简称包豪斯。学校收揽了一批当时欧洲最好的师资力量。师生之间的良性互动要归因于他们可以在校园中共同生活，以及对创造性活动的全心投入，学校激发了每个人的潜能并为后来的现代运动奠定了基础。

格罗皮乌斯在包豪斯的教学活动和现代运动中确认的理念是，功能性应植根于对理性的信任：理性既是进行创造的绝对工具，也是对创造本身进行控制的手段。强调设计要具有可重复性，面向工业应用，面向大众。那句"功能主宰形式"的口号体现了这个学派对建筑的经济性与功能性的考量。

现代运动迅速在德国、荷兰、意大利、法国、俄罗斯、奥地利和捷克斯洛伐克传播开来，稍晚些时候又影响到瑞士和英国，类似的还有俄罗斯构成主义、意大利"七人组"和理性主义建筑运动。

现代运动第一次正式确立和做出具体行动并在国际上引起广泛影响的是1927年在斯图加特的威森霍夫举办的住宅展和1932年维也纳的住宅展；还有1922年参与《芝加哥论坛报》大楼竞标，1927年在日内瓦设计建造国际联盟大厦，1931年在莫斯科设计建造苏维埃宫。成立的国际现代建筑协会组织吸收了欧洲各国的建筑师们，他们共同对城市的规划、修复和居住标准等进行各种讨论。

左下图

**迈克·德·克拉克，船，斯庞戴姆区，1917—1921年，阿姆斯特丹，荷兰**

这个街区由年轻的克拉克设计完成，内部空间较为复杂。建筑由砖砌而成，白色的窗户，荷兰传统的大屋顶。像所有其他阿姆斯特丹学派的作品一样，特色鲜明的是有垂直元素，这个发挥自由奇想的设计宣告了运动的存在。由灯塔的灵感而来的设计在19世纪晚期成为时尚。

右下图

**勒·柯布西耶，新艺术精神馆（在博洛尼亚重建），1925年，巴黎，法国**

为巴黎博览会而设计。建筑像个方盒子，墙壁部分镂空。这个设计试图综合居住功能，但勒·柯布西耶并未将这一功能实现。

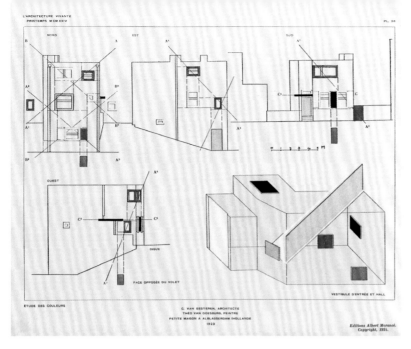

NORD EST SUD

OUEST

ÉTUDE DES COULEURS

C. VAN EESTEREN, ARCHITECTE
THÉO VAN DOESBURG, PEINTRE
PETITE MAISON A ALBLASSERDAM (HOLLANDE)
1923

Editions Albert Morancé.
Copyright. 1925.

VESTIBULE D'ENTRÉE ET HALL

FACE OPPOSÉE DU VOLET

左图
**凡·杜斯堡，轴测法设计，1923年前后**

风格派的设计实现于将构成元素的分析、解构和个体化，在组成之前先将每个元素单独摆出来。

虽然当时大师云集，柯布西耶仍然是其中非常出众的一位。他思想丰富，兴趣广泛，富有旺盛的创造力，不知疲倦地参与各项活动，设计的范围从独户别墅到城市规划均有涉足。几年的时间内密斯·凡·德罗、奥德、夏隆等著名设计师陆续登场，理性主义的主角们如鲁斯、贝瑞和加尼叶也不再那么避世。1928年格罗皮乌斯离开包豪斯学校从事自由职业。1929—1930年间，因为机缘巧合，集中涌现了一批大师级作品：柯布西耶的萨沃伊别墅、密斯的巴塞罗那德国馆以及鲁斯最重要的一批住宅作品。1925年巴黎世博会之后，欧洲大陆和美国开始流行装饰艺术风格，注重几何形状在设计中的地位以及古典的浅浮雕手法，并将其应用于珠宝、家具和建筑设计。对外立面的装饰使得建筑从本质上成为城市背景的一部分。1925年社会秩序逐渐回归，精细的新古典主义兴起，一些建筑重现古希腊－罗马风格：庙宇和剧院布景等，带有理性主义滤过的设计感。这股风潮还涉及绘画、音乐、文学等领域。建筑方面较为出色的是师约热·普列赤涅克，他活动在斯洛文尼亚和捷克斯洛伐克，达到了旁人难以企及的高度，其他古典主义的设计师则遍布欧洲。第一次世界大战后到1930年，荷兰有理性主义的奥德、杜多克、表达主义和风格派；法国有理性主义、后立体主义、新艺术派、装饰派、勒·柯布西耶、贝瑞、新学院派；意大利有理性主义、碑铭主义。所有这些都活跃在同一时期。

1933年是一个转折点：现代派的各项先锋艺术运动被阻断，包豪斯学院被迫关闭，师资散落向世界各处，如美国、英国、以色列和瑞典。在此之前一年，菲利普·约翰和亨利·罗素在纽约组织了一场关于现代派的展览。

意大利的古典主义和"九百派"的风格因为政治因素更靠近碑铭主义，代表着希腊－罗马的戏剧化风格。

上图
**奥藏方，《窗前的茶杯、玻璃杯和瓶子》，1922年**

纯粹主义与抽象主义相对，只关注物体的剪影和线条。此画选取的是人们日常生活中最熟悉和常用的物品，其形状在建筑中会被应用。

# 荷兰表现主义：阿姆斯特丹学派

1910 年，阿姆斯特丹南部新城的设计工作交由一组平均 30 多岁的年轻建筑师团体来进行：迈克·德·克拉克（1884—1923 年）、皮耶特·克雷默（1881—1961 年）、约翰·梅尔基奥尔·凡·德·梅（1878—1949 年）。他们都曾跟随皮埃尔·库贝（1827—1921 年）一起工作。库贝是伟大的折中主义建筑师，是维欧勒·勒·杜克（1814—1879 年）的学生，他一直在寻找一种独特的荷兰民族风格。前述三位建筑师从他身上学习了空间的协调性、砖的使用和对细节的关注。跟他们共同工作的还有亨德里克斯·特奥多鲁斯·杰德维尔德（1885—1987 年），为建筑师和批评家，曾获日内瓦国际联盟大厦设计竞标的二等奖。他们想要确立一种区别于新艺术风格的建筑语言，同时区别于新哥特式或者新罗马式风格。基于亨德里克·佩特吕斯·伯拉赫（1856—1934 年）对传统的重新诠释的影响，新中世纪主义的碑铭主义，弗兰克·劳埃德·赖特于 1910 年在柏林发表的专题论文的影响，安东尼奥·圣·埃利亚未来主义设计的影响，以及赫尔曼·穆特修斯的英国独户别墅的空间运用，这群年轻的荷兰建筑师们选择运用一些传统材料，如

左图
**皮耶特·克雷默，"拂晓"建筑拐角外立面，1920 年，阿姆斯特丹，荷兰；迈克·德·克拉克，船（37 页图），斯庞戴姆区，1917—1921 年，阿姆斯特丹，荷兰**

1910—1930 年，一群年轻的建筑师在阿姆斯特丹建筑了一批新的住宅。他们参考传统的荷兰独户别墅的风格，汲取新中世纪折中主义，力图寻找一种荷兰风格。每个单体建筑的体量都较大，每个人都可以在其中实现自己的想法。这些建筑细节丰富，建造过程注重工艺技术。尤其是像所有表现主义一样，巴洛克风格的转角的特殊处理，比密斯的研究更超前。

水泥砖、瓷砖、极细边框的白色窗户，建筑造型具有塑性。他们的作品并不像一般意义上的住宅，对边角会有一些特殊的处理，如空间向外突出的圆滑处理。每栋建筑都是一项创新：除了空间的可塑性还有对细节的手艺人般的用心，像手工作品。

　　北荷兰省的卑尔根市在1910—1915年建立起一个艺术家街区——米耶维克区，建筑有精心设计的草编大屋顶。其余大部分建筑仍然在阿姆斯特丹，随着时间的积累，建筑资源变得非常丰富，也因为荷兰在第一次世界大战中持中立，城市得以完好保存。1919年，孟德尔松在柏林举办设计展览之后被邀请到荷兰，他帮助这里的建筑师们建立了与德国表现主义艺术家的关系，双方都对彼此产生了一些影响。

# 新视觉语言：风格派

1917 年，荷兰画家彼埃特·蒙德里安与作家、剧作家和画家凡·杜斯堡的相遇催产了《风格》杂志。比利时雕塑家范顿格鲁也参与他们的艺术活动，后来还有先锋派建筑师奥德、里特维德、意大利画家塞万里尼等。风格派运动的特征在于对几何图形的充分运用，用基本元素去构成或者解构；去除所有装饰，只用纯色的色块；追寻一种简单的功能性。杂志的出版一直持续到 1928 年。运动的影响非常广泛，尤其是在德国，1925 年格罗皮乌斯发表了蒙德里安的文章《新的构造形态》。风格派的影响除了表现在绘画上，还表现在家具设计上。

风格派对建筑的影响也很直接，同样的绘画元素例如黑色直线和红黄蓝

下图
**密斯·凡·德罗，砖砌别墅，1923 年**

密斯的这份设计图贴近新立体主义，1929 年在巴塞罗那德国馆的建筑中重现。三面墙体向外延伸到建筑外部标志着空间的无限感，类似于蒙德里安的画作风格。

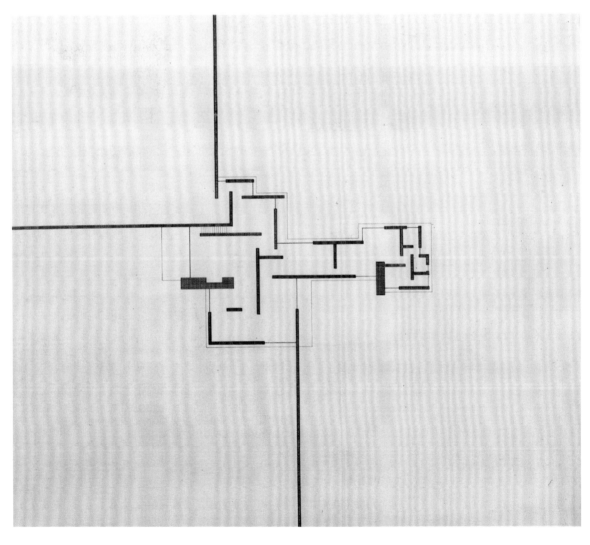

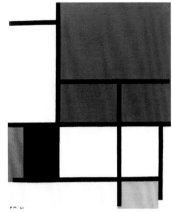

色块成为基本元素，根据坐标轴以三维的方式组合起来形成一个空间，每个元素都能完成其物理的和美学的功能。没有一个元素终结于另外一个，而是越过线和点的界线继续延伸。

图形中一般不会出现曲线，因为三维坐标轴向空间无限延伸而不会弯曲终结于弧线。风格派的参与者们并没有聚集在一处工作、生活，因为他们各自都还有其他的事业，都是通过与杜斯堡的单线联系维持着这一运动。而杜斯堡于1924年放弃了这个组织，其他艺术家们也只能慢慢失去了联系。只有蒙德里安一直忠于自我的想法，他于第一次世界大战前搬去了美国并在1944年离世。

# 乌得勒支的施罗德住宅

这栋房子是风格派理论思想和蒙德里安画作的物理实现，也是建筑师里特维德的首个作品。他出生于传统的木匠之家，于1919年参与了新造型主义运动，一直对尝试和生产各种基本几何形状拼装的家具抱有热情。圆形、三角形、正方形，将它们进行简单的拼装和铆接，以黑白色和三原色替代原木色，并且通过追求不对称为设计本身带来现代性的活泼元素。

在这栋房子里可以发现传统荷兰独栋别墅房间之间的精确比例；柱子的使用保持了建筑结构内部的独立性；严格的几何构图杜绝了对角线和曲线的出现；房屋内外通过巨大的玻璃窗实现了空间的贯通和延展；房屋内饰风格与建筑统一；对细节的讲究，使得这栋房子俨然是一个巨大的手工艺家具作品。

这是风格派在建筑上的极致展现，独此一份，既无追随者也无效仿人。里特维德选择了德国学派的功能主义，从包豪斯学派发展而来，也许是已经达到了他个人研究的最高水平：里特维德，这位无师自通的木匠，没有留下任何手稿。

上图
**吉瑞特·托马斯·里特维德，施罗德住宅，1924年，乌得勒支，荷兰**

建筑外立面诠释了建筑师的思路，由柱子和平面构成，虽然建构在一起但又各自独立，并且运用了几处色彩元素。

吉瑞特·托马斯·里特维德，施罗德住宅的起居室，窗户细节（左下图），三维设计图（右下图），1924年，乌得勒支，荷兰

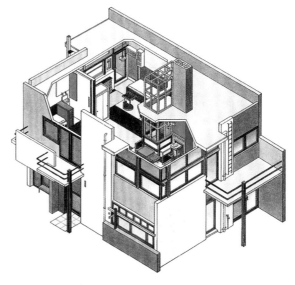

# 德国表现主义

　　第一次世界大战后的德国，在慕尼黑聚集了一批各个领域的艺术家。他们涉及的领域有迅速崛起的立体主义、活跃的未来主义工业建筑、"桥社"的变形艺术、新哥特主义、动物形象化（这也得到德国实际的自然环境的支持，有许多森林和山脉）、神秘主义和视觉比喻。所有这些综合在一起统称为表现主义，但其形式其实是多种多样的。埃瑞许·孟德尔松（1887—1953年）在战争过程中绘制了一些非常出色的草图。后来这些建筑图有些得以实现，比如坐落于波茨坦的爱因斯坦天文塔，就像在巨人的手掌中摩挲出来然后牢牢地种在土地上一般；还有多纳赫的第二歌德讲堂，看上去就像一块被风侵蚀的巨石。

　　其余如马克思·伯格、汉斯·波尔齐希、皮特·伯恩斯的建筑多是工

左图
**埃瑞许·孟德尔松，爱因斯坦天文塔，1920年，波茨坦，德国**
　　爱因斯坦天文塔是德国表现主义最著名的代表作。这个建筑用来做物理加速试验和落尘试验，但外观上看不出什么科技元素，更像是手工雕塑的一个独特的纪念碑或者某个运动的见证。孟德尔松在战争中画的许多草图最终实现了这一个，像是为工业建筑和科技设备而生，形式外观是完全创新的。

厂、水塔、会议厅，往往看上去像堡垒那么坚固，内饰有些像洞穴，建筑结构简单明了，有着波浪状的天花板。另一个潮流方向虽然选择了相同的形式，但是却强调立面透明，比如布鲁诺·陶特的玻璃房子和路德维希·密斯·凡·德罗的玻璃摩天大楼，就密斯·凡·德罗1945年之后真正实现的作品而言设计是非常超前的。德国北部表现主义结合了传统的汉萨建筑风格：在不来梅，巴彻斯特拉斯（1920—1931年）是一条贯穿在砖砌建筑中的小路，其设计结合了传统和表现主义。在汉堡，弗里茨·赫格尔的智利宫重现了那些伟大建筑的影子，在水平和垂直的方向上都强调了多层的重叠。

# 包豪斯学派

面对第一次世界大战的创伤，德国迅速在各个领域进行恢复，现代建筑被放在了中心位置。1918年瓦尔特·格罗皮乌斯应魏玛大公之聘，继任魏玛艺术与工艺学院校长，并合并魏玛美术学院，成立魏玛公立建筑学校，简称包豪斯，字面意思即为建筑之家，或者更确切地说是设计和实现。说它是家，是因为这是一所寄宿制学校，从德国各地而来的学生和教师都生活在学校里。这里教授美学和设计课程，同时也有材料技术方面的课程和工作坊。教员有保罗·克利、瓦西里·康定斯基、密斯·凡·德罗这样的艺术家，也有丰富经验的手工艺人。他们试图把中世纪学徒制应用于现代技术的传授。格罗皮乌斯看重经验的连续性和国际化，因此课程涉猎广泛，有纺织品编织、木材、金属和舞台布景等。这个教学体系正是实现了威廉姆·莫里斯19世纪晚期的想法，把多元的艺术和手工艺活动融合在一起。技术课程持续三年，然后学生可以选取一个方向进行期限不定的进修。自然而然地，学校跟工业设计行业有很多联系，也造就了一系列产品。1925年格罗皮乌斯把学校搬到了德绍的新校舍中，四年之后他把管理权交了合伙人阿道夫·米耶，为保证高质量的教学耗尽精力。1930年学校的管理开始由密斯·凡·德罗负责，但是受到纳粹政府的管制，学校不得不再次搬迁到柏林郊区，最后于1933年关闭。在包豪斯学院，日常用品的创新设计和面向大众的工业生产第一次真正实现了结合。先锋的设计艺术告别了旧日的艺术传统，注入了新的视觉语汇。但是这仍旧只是一种有限的艺术现象，只是由一小组人发起，影响受众也比较有限。

格罗皮乌斯想要超越小范围的限制，为将设计应用于满足大众需求而进行了系列的实验和生产。带着这样的目标他对学院的工作坊的内容进行规划。木匠工作坊简化了传统的家具设计，金属工作坊则实现了物品的创新。1925年马歇·布劳耶设计了第一把钢管椅。

拉兹洛·莫霍利–纳吉，匈牙利画家，他主导的工作坊生产了很多金属灯具，使用了先进的照明技术。玻璃工作坊则由约瑟夫·艾尔伯斯和安妮·艾尔伯斯夫妇共同主持，他们做出了各种窗户，以及抽象图形设计的挡风玻璃等。

包豪斯学院设计的地毯受到在学校里教学的画家的影响，由几何图形构成图案，颜色多为棕色和红色，标志着现代地毯的诞生。设计出的桌上物品更是数不胜数，烟灰缸、咖啡壶、茶壶、茶杯，既有几何元素，也作为奥萨卡·施莱默戏剧工坊的道具。这些物品都实现了工业化的生产，在学校内部的展览会上售卖。

上图
**瓦尔特·格罗皮乌斯，大师之家，
1925—1926年，德绍，德国**

格罗皮乌斯在学校附近建造了教师之家。他为自己设计了其中一座独立式住宅，其余建筑都是并立式的。简单的几何造型代表了诗性的理性主义空间，但是加了很多阳台。建造工作是由学校的学生完成的。

# 杰出作品
## 德绍的包豪斯学院建筑

左图
**瓦尔特·格罗皮乌斯，学生宿舍立面，包豪斯学院，1925年，德绍，德国**

下图
**瓦尔特·格罗皮乌斯，包豪斯学院建筑平面图，1925年，德绍，德国**

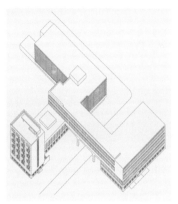

作为包豪斯学院的校长，格罗皮乌斯为学校在德绍的新校区设计了许多建筑：教工宿舍、教室、实验室、办公室、礼堂以及学生宿舍。所有这些建筑都由一条内部的连廊相通。

整个建筑每一部分的设计形式都与其功能相符，形式根据功能而来。整个学校在概念上有些像工厂，因此除了高层的学生宿舍能够区别出这是一栋集体住所，其余建筑都是低矮的。行政办公室呈桥状，横跨在一条路上，象征着行政部门在学校各院系之间起到的桥梁作用。这种设计的结果就是形成了一个工厂厂房样的建筑群，低矮的，在水平方向延伸，空间体量类似，形成了一个不太常见的平面布局。

俄罗斯的至上主义者们也借鉴了这种形式的几何空间。有人设计出弯折90°的建筑，将外部空间包括进来，即使是孤立的，也展示出特别的城市风情；有的还借用一条路，虽然从功能角度看没有必要之处。所有这些都给了现代建筑一些启示，建筑是现代性表达的重点之一：白色的盒状建筑、带状的窗户或者规律重复的窗户、小阳台、平顶。

47页图
**瓦尔特·格罗皮乌斯，学生宿舍阳台细节，包豪斯学院，1925年，德绍，德国**
*规律重复的阳台是极简抽象派的设计要求。*

# 勒·柯布西耶：早期活动

查尔斯·爱德华·让纳雷（1897—1965年），生于拉绍德封——瑞士和法国边境的一座小城。他的父母分别是钟表设计师和音乐家，他自幼在一所深受艺术影响的科技学校接受教育，展现出创造和设计各类物品的天分。他曾在家乡设计了四座住宅。20岁左右几次游历欧洲的经历让他想要更好地展示自己，从事热爱的事业，于是他搬到了巴黎。巴黎是那个时代欧洲最重要的文化城市，他在那里开始了自己的建筑设计生涯。那时的巴黎像其他欧洲大城市一样，生活着一群流浪的艺术家，受新艺术运动和折中主义的浸染。让纳雷强烈反对将其他时代的风格应用于城市最有代表性的建筑。

1917年他遇到了画家奥藏方，他们共同深化了彼此的理论并创立了纯粹主义，即物品只能用其外表轮廓来描绘，尽量减少形象化的因素，使其实质符合其物理轮廓。这些原则在1920年促使让纳雷将自己的名字改为勒·柯布西耶，同时成为新潮流的思想领军人物：新艺术精神、理智和反折中主义。柯布西耶最早的两栋建筑作品是根据纯粹主义设计的独户别墅：白色的平行六面体，黄金分割比例，从天台向内部延伸的绝对空间感，或者通过一些小物件比如阳台或者遮阳棚的修饰来强调对称。

典型的例子是1922年设计的奥藏方住宅，加了两个阳台以引入更多光线为画家作画之用，还有1924年设计的、同样位于巴黎的奥藏方的兄弟拉·罗杰·让纳雷的住宅，1927年设计的位于加尔舍的斯特恩别墅，外立面都遵循严格的黄金分割，这两栋房子的图片都曾在斯图加特的威森霍夫住宅展上展出过。

1926年，勒·柯布西耶和侄子皮埃尔·让纳雷发表了《关于新建筑的五

**勒·柯布西耶，拉·罗杰·让纳雷住宅设计图，1924年，巴黎，法国**

这是一栋复式建筑，由拐角处的空间相连，巨大的全高度空间，落地玻璃对着两边房子的走廊。

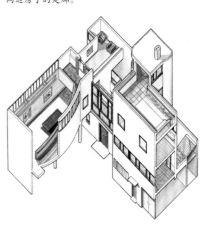

**勒·柯布西耶，斯特恩别墅，1927年，加尔舍，法国**

直到1930年勒·柯布西耶几乎只设计独栋别墅，看上去都大同小异。斯特恩别墅是他的早期作品之一，体现了设计原则的一以贯之。别墅内部是封闭的白色空间，但设计了一些内凹的阳台，阳台顶则是突出的。

点看法》，为现代建筑的设计制定了一些权威的准则。这些看法受到新柏拉图主义的启发，比如维特鲁维奥和帕拉迪奥。文章中指出，建筑应因其结构而非体积以坐落在地面上，因为建筑不应是看起来和土地连在一起，而是要实现一个想法和设计，应该放在何处均可并且可以复制；屋顶花园——建筑占用的土地面积可以利用类似于屋顶花园的天台之类的面积在功能上补回来；开放式平面，减少承重墙的使用，改用混凝土柱子，减少设计上结构的束缚；带状窗户，室内外空间连接，给予丰富的光线；开放式立面，柱子的使用应使得设计结构上的限制更少。

# 普瓦西的萨沃伊别墅

　　勒·柯布西耶建筑思想的全面实现是在 1928—1931 年在巴黎市郊为萨沃伊家族建造的别墅。如果说他的每个设计都是一次对自我理念的宣扬，那这座建筑无疑是其中的范本。整个建筑孤立地坐落一处小平原上，四个立面看起来完全相同且皆为白色，处于空间的中心。在底楼只有入口和车库；二楼有起居室等房间，但是此层接近三分之一都是露台，这部分可以当作日光浴露台，北侧有一面防风墙。即使开敞的空间也是包含在整个建筑之内。上层建筑的几何形状和圆形车库及楼梯形成对比，把纯粹主义的设计突出地体现出来。各层由一条长长的坡道相连，包括所有敞开和封闭的空间，这使得整栋建筑连在一起，入口平缓又有动态的活泼感。

上图
**勒·柯布西耶，萨沃伊别墅角落一瞥，1928—1931 年，普瓦西，法国**
宽阔的露台仍然包括在建筑内部。

# 勒·柯布西耶：两种城市化

　　有一段时期，欧洲报纸纷纷表达对城市规模极端扩张的担心，其实这从未成为现实。这里谈的不是一般的建筑设计，而是都市社区的建筑规划。其中一种想法是对巴黎市的几处老街区的重建，原本是低矮的老旧建筑，形态各异，公共空间狭窄；重建后将要盖起许多外观基本一致的高楼，有大片的绿地和整齐的道路。街区的名称也很体现时代特色：1922 年"当代城市"的设计方案可以容纳 300 万居民；1925 年"伏瓦生规划"（这是一个汽车制造商的名字，勒·柯布西耶希望他成为项目的赞助商），以代表住宅可以像汽车一样进行系列的复制，其中出现了设计高达 200 米的建筑；1928 年"光明城市"，其中的建筑呈锯齿形排列，整体又规划成规则的网格状。

　　勒·柯布西耶的设计原则是每栋建筑中都有大概上千名居民，就像一个自治的小城镇，居住单元里提供有商店、旅馆和幼儿园等基础服务。现代城市的面貌就应当是在市中心集中盖高楼，保持道路通畅和宽敞的绿地空间。第二种城市规划的想法是防止城市规模过大，不兴建大型社区，而是将城市散落在风景中。巴西圣保罗市的设计就是两条绵延十几千米的主干道，翻越了小的山丘，最后在建有摩天大楼的市中心交会。

　　更突出的例子还有 1931 年在阿尔及利亚沿着海边修建带状城市。一条主干道在海边延伸，高大的建筑沿着蜿蜒的道路修建在两侧，甚至有两栋建筑在海岬上。类似的情况还有 1928 年巴西里约热内卢和 1929 年乌拉圭首都蒙得维的亚规划。

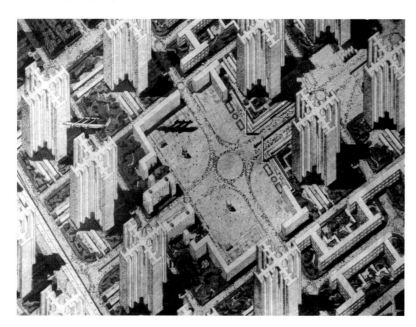

左图
**勒·柯布西耶，伏瓦生规划，1925 年，巴黎，法国**
　　勒·柯布西耶的城市规划思路体现得很明确，市中心应该有高大的建筑，降低密度以空出空间给绿地和道路。当然这个计划也涉及建筑本身，这位善用几何形状的大师以充满魅力的方式设计了楼房的样式。

# 路德维希·密斯·凡·德罗：早期活动

使设计变得理性是路德维希·密斯·凡·德罗（1887—1969 年）的首要贡献。他先是跟随做石匠的父亲熟习材料属性，然后又到柏林布鲁诺·巴罗的事务所做学徒（1905—1907 年）。1908—1911 年他在彼得·贝伦斯的事务所工作，参与圣彼得堡德国使馆的建造工作。在俄罗斯他深受卡尔·弗里德里希·申克尔（1781—1841 年）晚期新古典主义的影响，将此应用在他的第一批设计之中的收藏家库勒·慕勒位于拉哈的住宅（1912 年）。从第一次世界大战中回国之后，他投身于先锋艺术并担任十一月学社的领导人，创办杂志《造型设计》，直到担任德意志制造联盟第一任副主席。密斯开始着手设计摩天大楼，有机的平面设计、全透明的立面和使用钢铁、玻璃的组合设计引起了人们的注意。他的砖结构作品如德国共产主义运动创始人的纪念碑（1926 年）和克雷菲尔德住宅（1928 年）也有立体主义的特征。还有一些理性主义风格的乡村住宅，平面约呈风向标的样式，早于格罗皮乌斯的德绍包豪斯校舍的设计。

密斯受新造型主义直接影响的是一栋砖砌别墅（1923 年）和他的代表作巴塞罗那世博会的德国馆，某种程度上有蒙德里安的风格。1930 年在捷克布尔诺修建了图根德哈特别墅，作为送给女儿的结婚礼物。1927 年密斯负责筹办组织在斯图加特的威森霍夫住宅展，后来主持包豪斯学院的工作直到 1933 年学院因为反对纳粹而被关闭。

上图

**路德维希·密斯·凡·德罗，玻璃摩天大楼外立面，1921 年**

密斯将摩天大楼——那时在欧洲还不太常见——诠释为主体为轻盈的钢铁结构和全玻璃的立面的建筑，将他在德国所做的对玻璃的研究展现出来并应用于 1929 年威森霍夫展览。密斯的想法是将墙体独立于结构，因此整个建筑平面比较灵活自由，这是摩天大楼的一个先例，1955 年密斯前往美国之后也建起了摩天大楼。

左图

**路德维希·密斯·凡·德罗，图根德哈特别墅，1930 年，布尔诺，捷克**

建筑在平缓的山坡上，高处有一个玻璃前厅。一排不锈钢柱子撑起了宽敞的起居室，一面墙跟餐厅分开。玻璃窗设计成可打开的，可以望见花园和城市的景致。申克尔新古典主义的影响就是采用高地基使建筑脱离土地，密斯在后来的很多建筑中重复了这一风格。

# 杰出作品
## 巴塞罗那德国馆

巴塞罗那博览会（1929年）德国展馆，没有任何的主题或者内容物，展示的即是建筑本身，以表现德国建筑达到的水平。密斯借此表达了自己的理念：高地基与地面分离借鉴了申克尔的典型造型（新古典主义风格），侧面楼梯，入口在对角线处，是为借鉴古典希腊原则使视觉上更饱满；数根钢柱支撑起房屋，使得墙体并不承重因而在结构上是自由的；墙体构成的设计是蒙德里安式的，相互错落穿插，但是总体呈几何状构图；一大一小两个长方形水池：外面的大水池镜子映衬着建筑，里面的小水池则使人不能直接走近墙体，保持了墙的抽象性；整个建筑的材质选用也十分讲究，使用了大理石、玛瑙石和高级玻璃等名贵材料，使得建筑虽然只用了基础色但是风格高贵雅致。建筑内部密斯设计了一些长沙发和扶手沙发，由钢管和黑色皮质构成（巴塞罗那椅），这种沙发现在仍然在生产。虽然德国馆在博览会后即被拆除，但是这座建筑非常有名望和意义，于是20世纪80年代由西班牙政府在巴塞罗那重建。

下图

路德维希·密斯·凡·德罗，德国馆外观及入口处水池，1929年，巴塞罗那，西班牙

55页图

路德维希·密斯·凡·德罗，德国馆内部（上图）和水池景观（下图），1929年，巴塞罗那，西班牙

中央展厅由玻璃墙体构成，地面用灰色大理石，墙面用绿色大理石，一片特殊隔墙还用了白玛瑙石。展馆的尽头是绿色大理石墙，前面因有水池无法到达墙边。

# 威森霍夫住宅展

现代派运动的建筑师们将文化和社会领域的认识转变视为己任，他们并不愿意做孤零零的先锋艺术家。于是他们寻求国际合作，加深现代建筑联合会的主旨，对在西欧展开的活动进行宣扬，这是建筑史上从未有过的奉献和参与的活动。为了向公众传达现代建筑理念，他们还在国际范围内参与重要的建筑竞标（1922年芝加哥、1927年日内瓦、1931年莫斯科），出版杂志，组织展览等。

1927年德意志制造联盟在斯图加特组织住宅展，准备建造一个现代风格的住宅街区。通过市政府发出邀请，路德维希·密斯·凡·德罗邀请了16位著名的建筑师，在一处平缓的坡地上设计了21栋住宅。雅各布斯·约翰内斯·皮埃特·奥德和马特·施塔姆设计了两栋联立式的房屋。汉斯·夏隆设计了位于地块东北角的一栋有着大面积的弧面玻璃窗和弧线楼梯的独户住宅。密斯建造了一栋四层的集合住宅板楼。参加的还有彼得·贝伦斯、布鲁诺·陶特、瓦尔特·格罗皮乌斯，也有一些未被邀请的建筑师，如阿道夫·鲁斯和托马斯·里特维德。

虽然最终建成的建筑形态各异，但原则相同：理性主义风格，小体量住宅，空间设计简化，没有装饰，平屋顶，且整个街区都是白色。威森霍夫住宅区被无数的管理者、建筑师和批评家们参考，80年后再看仍具创新意义。之后，1932年在维也纳、1957年在战后的柏林都有过类似的实验性街区出现。

57页上图

**路德维希·密斯·凡·德罗，威森霍夫住宅展作品，1927年，斯图加特，德国**

展览中体量最大的建筑，楼房有四层，没有电梯。这是一个封闭的对称空间，基础几何造型，巨大的玻璃门。与密斯其他的作品不同，这栋建筑代表他宣称自己属于现代派运动。

57页下图

**汉斯·夏隆，威森霍夫住宅展作品，1927年，斯图加特，德国**

夏隆虽然没有其他建筑师知名，但在这次的建筑中，楼梯间展露在转角的三维曲线令人印象深刻。他在设计中始终注重关系而非功能本身。正因为这个原因，密斯将这栋房子放在整个街区最前面，那里的路正好在拐弯，配合房屋的造型。

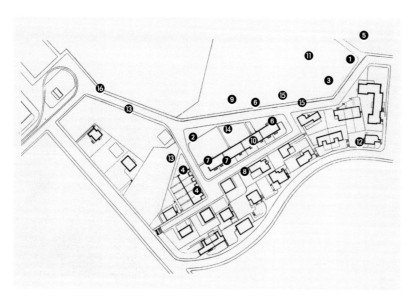

左图

**威森霍夫住宅展平面图，1927年，斯图加特，德国**

1. 约瑟夫·弗兰克
2. 雅各布斯·约翰内斯·皮埃特·奥德
3. 马特·施塔姆
4. 勒·柯布西耶和皮埃尔·让纳雷
5. 彼得·贝伦斯
6. 理查德·道克
7. 瓦尔特·格罗皮乌斯
8. 路德维希·海博塞默
9. 路德维希·密斯·凡·德罗
10. 汉斯·珀尔茨希
11. 阿道夫·芮丁
12. 汉斯·夏隆
13. 阿道夫·古斯塔夫·申克
14. 布鲁诺·陶特
15. 马克思·陶特
16. 维克多·布尔热瓦

# 阿道夫·鲁斯

第一次世界大战后直到 1922 年，阿道夫·鲁斯（1870—1933 年）被任命主持维也纳公共房屋办公室工作。这一时期鲁斯开展了很多活动，将他的建筑原则适用于集体住宅，如屋顶平台作为露台，带有私家花园等。这些设计虽然没有实现，但是非常有趣，了解的人也较少。1922 年他参加《芝加哥论坛报》办公楼的竞标，出于个人的选择以及对美国文化的热爱（他年轻时曾在芝加哥生活过一段时间），他的设计采用了多立克式立柱的元素。同年，他设计了巴比伦旅馆，外观是古巴比伦式的金字塔形，内部是错落结合在一起的六层建筑。1924—1928 年间他曾在巴黎开办工作室，那时他因为在秋季沙龙上显露的才华而非常知名。回到维也纳后，他生命最后的一段工作时间基本在奥地利和捷克度过。这一时期的作品基本都是独栋别墅，如 1926 年为达达派诗人崔斯坦·查拉设计的房子，1928 年维也纳住宅，1930 年在布拉格设计的穆勒住宅，以及在德意志制造联盟的维也纳展览中展出的作品。他的经典设计风格就是空间简单，白色外观，没有装饰。从外观可以看出内部空间构成，有突出的小空间（穆勒住宅）或者凹进去的空间（查拉住宅），靠近现代派作品并借鉴柯布西耶最早的一批别墅设计。在建筑内部往往设计多层穿插在一起，采用第一次世界大战前丰富的装饰风格，用了很多大理石和木材贴面装饰。1930 年鲁斯总结自己 30 年的建筑生涯时写道，如果在一个时期"装饰"被称作是美的，那么现在已经是这种美衰落的时代——用这种方式他给自己的建筑理念定论。

下图

**阿道夫·鲁斯，穆勒别墅内部和外部，1930 年，布拉格，捷克**

立方形空间，纯白色，对称的大门，底层拓宽。屋顶天台用藤架搭出入口。在现代艺术运动中这是一座范本式的建筑。像他的所有晚期作品一样，鲁斯在这栋建筑中构建了多层空间，并且使用了价值较高的建筑原材料。

59 页图

**阿道夫·鲁斯，查拉公寓立面，1926 年，巴黎，法国**

鲁斯在巴黎停留了很长时间，在那里为达达派创始人建造了房子：路边的一座对称式建筑，阳台朝向内部庭院。房屋是石头基座，与石质路面呼应，使用了石材，这是鲁斯的作品中极少见到的。

# 埃瑞许·孟德尔松

在现代运动的德国建筑师中，孟德尔松是个特例。在第一次世界大战期间他在柏林完成了极其丰富的表现主义设计作品，其中包括非常著名的爱因斯坦天文塔。他很早就开始了非常密集的专业活动，得到当地犹太社团的支持，作品水平一直比较高且不断开展新的研究。孟德尔松还设计了柏林一家制帽厂（1921—1923年）和圣彼得堡一家印染厂（1925—1927年），其单体建筑非常有特色，在后来阿尔瓦·阿尔托设计的造纸厂也延续了类似的设计。因此经常有人找到孟德尔松设计商业建筑，也逐渐形成了一种新的特色：纽伦堡、斯图加特（1926年）和开姆尼茨（1928年）的邵肯商业中心，以及柏林的科隆布豪斯商业中心（1929年）。孟德尔松定义了一种新的形式：用钢结构做支撑，在外立面上完全镶嵌玻璃，弧形空间，从而构成了一种介于理性主义和表现主义之间的新的空间。有些部分完全由玻璃构成，有突出的水平横梁，这是他的特点之一。

1933年他与塞吉·希玛耶夫共同赢得了位于贝克斯希尔的德·拉·瓦特海滨浴场的竞标，在英国海滩上完成建造。白色的理性主义建筑，旋转楼梯，向外凸出的弧形空间。这个设计成为他标志性的建筑语言并被多次模仿。

1933年因为纳粹的驱逐，孟德尔松搬到巴勒斯坦并在那里继续进行公共建筑的设计，1941年移民美国。

左下图

**埃瑞许·孟德尔松，邵肯商业中心，1928年，开姆尼茨，德国**

孟德尔松的标志性建筑语言设计的众多商业中心之一，弧形外立面，连续的窗户。

61页图

**埃瑞许·孟德尔松和塞吉·希玛耶夫，德·拉·瓦特海滨浴场建筑，1933年，贝克斯希尔，英国**

通过竞标赢得这座建筑的设计，这栋海滨浴场的建筑也是孟德尔松的理性主义设计作品。配合楼梯设计的弧形空间，钢筋水泥板的楼板与地面平行，连续的透明玻璃使得视线没有遮挡。

# 雅各布斯·约翰内斯·皮埃特·奥德

雅各布斯·约翰内斯·皮埃特·奥德（1890—1963年）28岁就被提名为鹿特丹城市的首席建筑师，并保留这个席位直到1933年。他的领域主要集中在住宅设计，其设计的住宅空间往往比较紧密，比如斯潘根社区（1918年）和图坎迪琛社区（1919年），都是砖砌结构，带有中央庭院，不会特别强调使用某一种建筑技艺。奥德对空间的设计受亨德里克·伯拉赫这位晚期浪漫主义大师的影响。接下来成功设计的社区还有奥德·曼斯内斯社区，四座联排房子建在一片三角形区域上，根据当地传统建造了凸起的屋顶和外部可见的烟囱。同时，他还在立体主义的启发下进行一些实验性的设计，使建筑体现出一种抽象的纯粹，最终造出了一个杰作：荷兰角港两栋联排房子（1924年）。这是两层建筑，白色，但是细节用黄色、红色和蓝色装饰，这是风格派的三原色。屋顶使用平顶，根据理性主义原则设计了宽大的窗体，大梁两端的圆形处理使得空间的连贯性和流动性增强，柱子的使用实现了水平的切割。这一处细节可称为纯粹主义，被各个评论家称赞（这个设计被制作成一本讲述建筑史的图书的封面，几年后在美国出版）。

后期奥德在鹿特丹的设计，比如基辅胡克经济型社区住宅，都是两层的小体量住宅单元，带状窗户，讲究细节。1927年他参加威森霍夫住宅展览

时也带去了类似的建筑作品。1933 年后奥德重新成为自由职业者，他设计
了古典主义公共建筑以适应国家需要，只是在职业生涯末期他才又尝试新造
型主义设计。

# 威廉·马里努斯·杜多克

在 20 世纪 20 年代的荷兰出现了不同的建筑流派，有阿姆斯特丹的表现主义、乌得勒支的风格派、鹿特丹奥德的现代运动以及威廉·马里努斯·杜多克（1884—1974 年）在希尔弗瑟姆开展的个人活动。杜多克从 1915 年开始担任公共建筑师，1917 年对城市进行规划，并设计了大量的公共建筑，尤其是学校和住宅社区，实现了大城市花园的想法。他个人建筑语言的突出特征在于使用亨德里克·伯拉赫提倡的砖砌结构和受 19 世纪晚期折中主义的影响，根据风格派来进行解构，将规则的立方体根据有机建筑的原则以不对称的方式进行组合。建筑矗立在土地上，形状窄长，但是仍有高耸的部分作为都市的象征，比如高塔。细节上受赖特的影响颇多，参考拉肯公司办公楼和草原式住宅：用框架定义空间，加长的柱子，白色轮廓，注重设计细节和平面组合，比如米克勒斯学校校舍（1925 年）、法布里乌斯学校校舍（1926—1927 年）和瓦莱利乌斯学校校舍（1930 年），以及希尔弗瑟姆市政厅（1921—1924 年）。建筑结构一般有中庭和入口处的高塔，门前有大水池。只是当时的评论家没有马上意识到杜多克作品的细节质量，只承认了他对于空间组合的能力，相较于荷兰传统是绝对的原创。20 世纪 30 年代后他的活动比较少。

左下图
**威廉·马里努斯·杜多克，巴文克学校，1921—1922 年，希尔弗瑟姆，荷兰**

杜多克利用基本几何空间的组合，在水平和垂直上都取得平衡，根据不同的对称轴形成一系列空间。

右下图和65页图
**威廉·马里努斯·杜多克，市政厅，1921—1924 年，希尔弗瑟姆，荷兰**

这座建筑充满了杜多克的符号：不对称空间，活泼排列的外立面呈序列状和阶梯状。这是根据风格派的观点元素解构的结果，再根据有机建筑原则进行组合。入口处的高塔主要是具备象征意义。入口处的立面倒映在门前水池里。

# 苏联的先锋艺术及其衰落

新艺术的思潮也影响到了俄罗斯，1913年马列维奇的至上主义确认了艺术家的崇高和表达的自由，随后又出现了建筑上的构成主义。1914年意大利建筑师菲利普·托马索·马里内蒂前往俄罗斯会见当地的未来主义者，随后跟他们维持了十余年的联系。1920年起俄罗斯建筑师们与包豪斯学院的关系变得十分紧密，并于1925年创办俄语杂志《现代建筑》。1920年弗拉基米尔·塔特林——构成主义的主要创始人——提出第三国际纪念碑的设计方案。这座纪念碑是巨大的钢结构，象征着人民的自由，设计高度甚至超过埃菲尔铁塔，力争成为俄罗斯的象征。阿列克谢·舒舍夫于1924年设计了莫斯科的列宁墓。跟这些作品相对的是象征主义的伊利亚·戈洛索夫，他试图构建形状的词典，以及对心理的影响。时任的国家文化部长因曾长期在意大利拿波里和法国居住，也努力建立和保持了许多国际联系。他邀请柯布西耶来设计联盟号飞船中心（1925—1936年）并召开研讨会议。1917年十月革命后，年轻的建筑师们提出了布尔什维克建筑的标准的问题。他们建立了一些组织：比如新建筑师联合会（ASNOVA），确认了对塑性造型的迫切需要，如梅利尼科夫1929年于莫斯科设计的有轨电车职工俱乐部；比如社会主义建设建筑师协会（SASS），确立了纯粹的理性主义并出版了杂志《现代建筑》，曾经在杂志上刊登了莫伊谢伊·金茨堡的文章，后者和维斯宁兄弟一起设计了莫斯科1929年的人民公社大楼。莫斯科的苏维埃宫，高达400米。设计师是鲍里斯·约凡（1929年），在苏维埃宫的竞标中战胜了当时欧洲著名的格罗皮乌斯、孟德尔松和勒·柯布西耶。

左下图
**康斯坦丁·梅利尼科夫，有轨电车职工俱乐部外立面，1929年，莫斯科，俄罗斯**

梅利尼科夫，新建筑师联合会代表，设计了一些较为正式的建筑，比如郊区的职工俱乐部。该俱乐部包括三个会议室，在外立面凸出出来。空间结构的灵感来自立体主义和至上主义，用钢筋混凝土的优越特性来实现。

右下图
**莫伊谢伊·金茨堡，人民公社大楼内部走廊，1929年，莫斯科，俄罗斯**

这栋建筑来源于一个原创的建筑类型研究，两条长走廊是所有内部小单元的进出口连接通道。大楼本身也有附带的公共设施：游泳池、洗衣房、集体厨房等。这种模式曾被效仿，现在已经被抛弃了。

  1932 年，苏联各地建起了雄伟宏大的建筑，比如莫斯科和圣彼得堡的地铁站。1935 年在巴黎和 1937 年在纽约的博览会上展示的国际形象也是具有鲜明特点的苏联建筑语言。1938 年之后，苏联对不同地区当地特色的传统建筑造型进行重新评价。

# 捷克斯洛伐克

第一次世界大战后捷克斯洛伐克独立。在 1920—1940 年，他们在建筑上呈现出民族复兴的风格，其中的先锋是约瑟夫·霍霍尔（1880—1956年），他曾经是立体主义者，后来成了坚定的纯粹主义者。

20 世纪 20 年代捷克斯洛伐克盛行构成主义：高大的建筑、空间紧凑，多数用作办公室，有层拱和连续的带状玻璃窗交错设计的特点。霍霍尔的座右铭是"装饰不是必须的，要由建筑本身定义形状"。现在有几栋当时设计的建筑仍然矗立在布拉格市中心，比如坐落在维斯拉奥广场的 BATA 大楼（1929 年），全玻璃建筑，由斯沃博达设计；阿尔法大楼和塔川旅店，由路德维克·金塞拉在同时期设计。

1930 年在国际趋势下确立了功能主义，更加简化了空间的构成，代表性的建筑是在乌诺索威斯街区的圣维斯拉奥教堂（1933 年），其中央殿堂有台阶。另外还有模仿约瑟夫·高察尔建造的一座荷兰风格的高塔——退休公寓（1928 年）。政府也在很多的校舍设计上推行功能主义，同时仍然受到构成主义的影响。

布拉格郊区逐步建成别墅区，根据现代派运动的原则设计城市花园的一部分：最著名的是 BABA 别墅社区，在城堡山附近。

左图
**约瑟夫·哈夫利切克和卡雷尔·洪齐克，退休公寓（现在是市政厅），1928年，布拉格，捷克**

这座大楼的竞标由两个年轻建筑师的创意赢得，他们采用了十字形的设计，虽然原本的招标公告中要求有中央庭院。这种设计部分地模仿柯布西耶：两座建筑高度不同，但是都有带状的窗户，是当时非常重要的一座建筑范例。

BABA别墅（上图）和BABA别墅
社区模型（右图），1933年，布拉
格，捷克

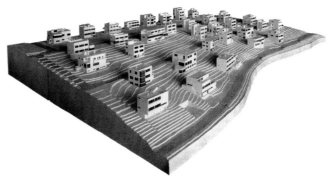

　　BABA花园社区建立在布拉格郊区丘
陵地带，由30座白色别墅组成，是捷克
斯洛伐克现代艺术运动最为鲜明的代表。
这些建筑师们都是本地设计师，在国际上
并没有太大的声望。这些建筑集中了现代
艺术的所有语汇：几何空间、带状窗户、
大量使用玻璃、平屋顶。

# 装饰艺术

为了庆祝 20 世纪前 25 年取得的成绩以及重新降临的和平，1925 年在巴黎举办了"艺术、工业与手工业博览会"，这也是手工艺人和工业从业者们从 1915 年开始的愿景。各个流派悉数到齐：纯粹主义者的展台（柯布西耶和奥藏方），立体主义者的树状雕塑组成的花园，折中主义者和民间主义者，但尤其值得一提的是一种新的装饰艺术：装饰艺术派。这是一种自发的摒除功能性动机的需求。建筑通过更醒目的外形寻求一种都市的存在感，比如高塔或者巴比伦神塔的外形，在这种需求中每种可辨识的元素都是装饰：外框、尖顶、大门、转角等。为了区别于自然主义装饰艺术，装饰派通常是运用几何形状和抽象化手段：带状、方格、三角形、锯齿形，有时外框或者底座还可以被视为某些超结构的运用。也会涉及颜色，以及一些不太常见的附属色。建筑表面运用古典主义风格或者自然主义风格的各种浅浮雕。从家具到摩天大楼，都开始运用一些新材料：铸铝、树脂和铸铜。灵感的来源则有很多：从德意志制造联盟的几何运用到希腊风格、埃及、阿兹特克，从立体主义到野兽派的强烈色彩，这一切综合出来的结果是装饰派鲜明的特征可以被一眼辨识出来：这是疯狂的 20 世纪 20 年代的风格。其传播非常广泛，并且间接加速了大众对理性主义的理解。

71 页图

**罗伯特·史蒂文斯，旅游业展厅，1925 年，艺术、工业与手工业博览会，巴黎，法国**

根据立体主义的灵感启发为展馆设计了十字形的建筑平面，用凸出的重复的平板作为装饰，并不具有功能性。

左图

**让·巴杜，收藏者展厅前花园，1925 年，艺术、工业与手工业博览会，巴黎，法国**

由几何图形构成的空间和外立面，阶梯和金字塔形的外形，侧面突出的锯齿形，大门两侧有锯齿形的壁阶。这是一种新的装饰艺术。

# 古典主义和折中主义

　　现代派运动的建筑终归是小众的，没有历史的传承，因此也无所谓创新，远离当时主流趣味。因为这个原因，在 1920—1940 年盛行许多形式的折中主义。新哥特风格主要出现在两个领域：教堂，因为哥特式本来就是大教堂的传统风格；摩天大楼，因为是竖直的结构。建筑师简森·克林特（1853—1930 年）设计的哥本哈根格鲁维特大教堂（1921—1926 年）就融合了这种现代设计风格，其外观基本就像一架巨大的管风琴。新雅典式的风格则被英国的别墅和大楼所青睐，比如伦敦的摄政街（1922 年），由设计师雷金纳德·布鲁姆菲尔德（1856—1942 年）所设计。

左图
**简森·克林特，格鲁维特大教堂，1921—1926年，哥本哈根，丹麦**
　　1913 年设计竞标的优胜者于 1921—1926 年间修建这座教堂。建筑设计成管风琴的样式，新哥特风格，三角形的正门包括三扇大门。

传播最广泛的风格是新古典主义，在 19 世纪 20—40 年代的欧洲尤为多见，如德国、俄罗斯、西班牙和意大利。殖民地官员的建筑也多是这种风格，比如印度总督府和新德里广场周围的建筑，由埃德温·路特恩斯（1912—1931 年）设计；但也有一些民主国家的新建筑采用这种风格，比如亨利·培根设计的林肯纪念堂（1911—1922 年），看起来就像新罗马或者雅典风格。

新古典主义更为诗意的诠释者是斯洛文尼亚建筑师师约热·普列赤涅克，1910 年前他一直是奥地利建筑师奥托·瓦格纳（1872—1957 年）的学生。他曾是一名分离主义者，后来转向碑铭主义，布拉格城堡（1926—1928 年）的建造为他带来了名望，著名作品还有卢布尔雅那的圣弗朗西斯科教堂（1925—1928 年）。卢布尔雅那公墓也是由普列赤涅克设计的，碑铭主义风格的入口（1937—1940 年）借鉴了罗马剧院的元素，设计成半圆形开敞式的回廊。随后，第二次世界大战使所有风格的发展都戛然而止。

下图
**亨利·培根，林肯纪念堂，1911—1922年，华盛顿，美国**

纪念堂以及林肯的白色大理石像有一种优雅的哀婉，新古典主义风格中糅合了埃及元素，并模仿坎多里奥的米开朗琪罗风格，在当时华盛顿这样年轻的首都城市体现一种历史的凝重感。

# 师约热·普列赤涅克

在维也纳经过几年学习之后，普列赤涅克回到自己的家乡卢布尔雅那，1920 年他又受邀前往布拉格。他在那里任教并参与修整了布拉格城堡的外部空间和几个内厅，那时城堡正在逐步成为国家政府的办公大楼。他设计的庭院，前面的花园被称为"天堂"，后面的花园被称为"碉堡"。

1910 年，普列赤涅克抛弃了自己早年曾坚持的分离主义的风格，在设计维也纳圣灵教堂时，立面采用了多立克柱式设计，利用古典元素如花瓶、钟形圆饰、柱子、基座、栏杆等，保留了优雅的风格和古典主义精神。他用了一些较贵的建筑材料，如大理石和黄铜，这些元素成为巨大的开敞空间的主角，缓冲了空间的刻板和构成的不对称。大厅像罗马式柱廊的内院，白色柱子在墙体上凸出来。虽然是古典空间，但同时又是后现代主义的先行者。室外花园由几部分分割的空间构成，栽种的树木也按照几何图形来设计。但是普列赤涅克的作品并不为当时的建筑评论家熟知，直到 20 世纪 80 年代才被重新发现。

下图
**师约热·普列赤涅克，花园一瞥，1926—1928 年，布拉格，捷克**

花园古典结构受法国的启发，凹凸镜式的圆形台阶，曾在塞巴斯蒂亚诺·塞利奥（14 世纪）的手册中谈到过。

75页图
**师约热·普列赤涅克，城堡大厅，1926—1928 年，布拉格，捷克**

大厅像罗马式的柱廊内院，三个方向上有圆柱，空间设计简化和几何化，同时兼有规则和对称元素，朴素的光线形成了一个玄妙的空间。

# 1920—1940年的美国

　　20 世纪 20 年代的美国涌入大量的欧洲移民，因此那时的建筑风格是折中主义和散发着思乡情绪的。现代建筑风格虽然被欧洲的设计师带到这片新大陆但仍然难于渗透——《芝加哥论坛报》办公大楼的设计招标委员会在收到的成千上万来自世界各地的竞选作品中，最终选择了一座新哥特风格的建筑。

　　直到 20 世纪 30 年代末才有一些重要的信号出现。1929 年经济危机后漫长的复苏过程中，建筑领域有两个方面的特点：城市化的扩张、办公摩天大楼的崛起和住宅公寓的兴建。根据埃比尼泽·霍华德的田园城市理论，这些趋势的出现推进了田园城市的形成。弗兰克·劳埃德·赖特作为美国最活跃的建筑师，其作品数量和质量都使其成为突出的特例：20 世纪 20 年代他经历过加州风格和新玛雅风格，在沉寂了几年之后，20 世纪 30 年代他重新带来了里程碑式的作品：流水别墅和庄臣公司大楼。其他划时代意义的建筑作品，还有德国建筑师鲁道夫·辛德尔和理查德·诺伊特拉的，两者都曾在加利福尼亚州设计了一些理性主义风格的独户别墅，为加州学派的形成奠定了基础。另外还有芬兰裔建筑师埃利尔·沙里宁，1923 年他移民美国，获得《芝加哥论坛报》大楼竞标第二名，而后继续设计了一些古典主义的公共建筑，1925—1941 年他曾在布隆菲尔德山的克兰布鲁克学院（密歇根州）任教。

# 《芝加哥论坛报》大楼招标

1922 年《芝加哥论坛报》发布了为其办公大楼新址建筑招标的公告，奖金 10 万美元。芝加哥当时正处在扩张的过程中，为摩天大楼招标还是首次。来自世界各地的成百上千的作品犹如一面镜子折射出当时建筑界的各种流派。最终的获胜者约翰·米德·豪尔斯（1868—1959 年）和雷蒙德·胡德（1881—1934 年），设计了一座新哥特式风格的高楼，以展现正在向高处伸展的城市。建筑高层处呈阶梯状，像英式的天主教堂，类似的还有纽约伍尔沃斯公司（1913 年）的大楼。

格罗皮乌斯和梅耶的投标作品是一组由不同高度的高楼组成的，结构清晰可见，转角处的阳台打破了整体的单调，从理性主义角度诠释了芝加哥风格，窗户也做了特别的设计。理性主义流派的投标作品还有马克思·陶特的，楼房的立面由一些网状方格构成。杨·戴格的作品像他在荷兰的其他设计作品一样，用水平窗带来实现立面的虚实相间。欧洲的建筑师们对这个主题显然并未准备充分，更像是一次风格的练习。鲁斯的作品使用了多立克柱，批评家们认为充满讽刺。实际上鲁斯常常使用这种柱式的设计，他认为这种形式可以深刻地表达历史文化的厚重，可以使得建筑成为埃菲尔铁塔那样的象征。还有一些不太知名的建筑师也采用了柱子的设计。获得竞标第二名的埃利尔·沙里宁，设计了一个巴比伦塔的样式，糅合了古典元素、哥特式元素、传统罗马元素，直到 20 世纪 40 年代末他的设计还被很多人模仿。参与竞标的也有一些意大利人，其中有马尔切洛·皮亚琴蒂尼，但作品质量平平。赖特并没有参加，对于这种竞标表现得颇为漠然。

# 理查德·诺伊特拉

大量丰富的职业活动，建筑与自然的结合，技术品质与设计的交融，对于美国传统文化的关注，这一切使得奥地利建筑师理查德·诺伊特拉成为建筑史上非常突出的人物，即使他并没有跻身大师之列，设计的作品也大多重复，没有太多新意。

诺伊特拉的成长过程中遇到了许多建筑大师：在奥地利曾参与过奥托·瓦格纳的作品，1910 年曾跟随阿道夫·鲁斯，1923 年和孟德尔松共同赢得海法商业中心的招标（未建成），同年迁至芝加哥遇到了赖特，并从 1925 年开始在赖特的工作室工作。1927 年在洛杉矶开始了自己的独立执业生涯，主要设计学校和独户别墅。同时，他还作为市民建筑机构（1931 年）的顾问和加利福尼亚州城市建设委员会主席，表现出对城市问题的关注。诺

下图

**理查德·诺伊特拉，罗威尔住宅，1927 年，洛杉矶，加利福尼亚州，美国**

房屋建造在一个山坡的高处，共有三层。玻璃墙面可以观赏低处城市的全景，带有小花园和游泳池。这座建筑使得诺伊特拉声名鹊起并确立了他的建筑风格：理性主义设计，精心叠加的空间，白色外观，以及精心设计过的外部空间。

伊特拉的风格是纯理性主义的，同时又注重空间的有机组合：空间一般是不同的平行六面体的组合，但是建造过程简化为搭建清晰可见的骨架——将细细的钢柱和光滑的玻璃墙面组合起来。诺伊特拉的每个建筑都自成体系，保持内外一致的连贯性，除了内部家具还会同时设计外部的游泳池、草坪、藤架和灌木等。

为了致敬柯布西耶和赖特，他的作品中也加入了一些日本元素。因为不属于任何的历史流派，所以他的作品在 20 世纪 30 年代还是非常独特新颖的一种。诺伊特拉坚持了他的风格直到 20 世纪 70 年代，深刻影响了加利福尼亚州的住宅设计。

下图
**理查德·诺伊特拉，米勒之家，1937年，棕榈泉，加利福尼亚州，美国**

这是一座接近于正方体的小房子，向风景敞开。客厅连接着游泳池。内部有日本风格的移门。

# 鲁道夫·辛德勒

加利福尼亚州的独户别墅的文化和理性主义风格的外观的形成跟两位奥地利建筑师密不可分，理查德·诺伊特拉和鲁道夫·辛德勒，两者都曾是阿道夫·鲁斯在维也纳学校的学生。辛德勒（1887—1953年）被老师描述的在芝加哥生活的记忆深深吸引，1914年来到美国并前往芝加哥。1917年进入赖特的事务所工作，在此期间前往日本，有机会参与实践不同的住宅建造。1920年他前往洛杉矶参与巴恩斯德尔住宅并决定从那里开始自己独立的职业生涯，他觉得那里是一个天堂般的能够帮助他实现所有设计想法的地方。内外部空间应该协调一致，每栋房子应该跟自己所处的位置完美协调，并且至少有一面玻璃外墙。为了实现这些目标需要精心设计，进行细致精确的研究。在他的风格中充满了日本元素：小空间、移门、正方形分割的玻璃、薄薄的遮阳板。遵循鲁斯的教导，房屋内部多用木材，风格力争统一。他的第一个作品是建造自己的房子，非常典型的日本风格（1922年），接下来的作品中重拾理性主义元素和风格派，比如洛杉矶的奥利佛和布克住宅（1934年）。沃夫住宅（1928年）在卡特琳娜岛上，有叠加的天台，朝向海洋。他的作品标准比较一致，有时会靠近诺伊特拉，有时更注重有机风格。

下图

**鲁道夫·辛德勒，辛德勒住宅外部，1922年，洛杉矶，加利福尼亚州，美国**

辛德勒的首个作品就是他自己的住宅。房屋平面经过精心设计实现内部和外部的最大统一。每个房间都有一面墙是玻璃以朝向花园。木质的使用体现了日式风格的影响，移门和方格玻璃窗是统一的内饰。内部的色彩也多为木色、粗布的颜色、灰泥层的颜色，以取得朴实温暖的感觉。他的风格对加利福尼亚州住宅的影响如此巨大以至于今天他的房子被辟为纪念馆来参观。

# 赖特和卡夫曼别墅

卡夫曼别墅位于宾夕法尼亚州的熊跑溪畔，与小溪形成的小型瀑布完美结合，周围树木繁茂。别墅最突出的形象是两层巨大的平台，在水平方向上延伸，两者平行，看似悬空在基石上。这是将整栋别墅有机联系在一起的露台，这种设计有意让人耳目一新以增强空间的停留感，建造技术非常大胆，平台仍然包含在整个别墅的形体之内。

这座别墅应用的元素较少，但都运用到极致：石砌的高塔，水平伸展的平台，白色水泥和灰色大理石，落地窗。内部是由较小的空间构成，每个房间都有宽阔的露台。客厅最大，低矮，向山谷敞开。烟囱在角落。

赖特设计的其他那些草原式住宅，烟囱好像房子的支点，但是一般都在角落。这种形式在后来的很多房屋上重复出现：横向伸展的楼层，内部到外部空间的连续，墙体和空间沿着坐标轴的方向精心设计。这是 20 世纪 30 年代有机建筑的典范之作，兼具功能与自然和谐，达到了形式与诗性的完美统一，在当代建筑史上成为不可复制的范例。

下图

**弗兰克·劳埃德·赖特，卡夫曼别墅（或称流水别墅），1936—1939年，熊跑溪，宾夕法尼亚州，美国**

沉寂多年之后，赖特重返建筑行业并带来扛鼎之作：矗立在山间田园的富商卡夫曼的住宅，他在匹兹堡市拥有多家杂志。别墅坐落于丛林之中，溪水之上，因恰巧有一处小瀑布，又称为流水别墅。建筑以巨大的露台和横向的白色屋顶为特色，有一整面竖直的玻璃墙。内部空间为多层设计，均带有露台，较大的客厅仅有一处。建筑实现了内部与外部空间的完美贯通。

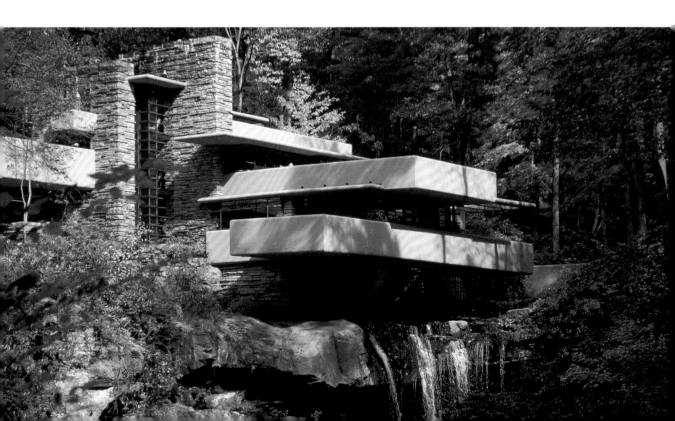

# 赖特和西塔里辛学园

赖特从未在任何大学任教，但是有两座依据他的思想建立起来的半工半读的学园，学生在那里和大师一起劳动和工作。塔里辛东部学园建立在威斯康星州平原属于赖特的一块地上，后来因为火灾烧毁。而后建立西塔里辛学园，建立在亚利桑那州的荒漠中（1937年），离凤凰城并不算远。地点的选择是有计划地使学园远离都市，是集学习和居住功能于一体的工作坊。建筑结构并不规整，没有固定的规划设计，比如不规则三角形屋顶用倾斜的梁柱支撑，屋脊清晰可见，其外形多棱的形象在其他的现代作品中也有模仿。粗粝的乱石墙、不加油饰的木料和白色的帆布板错综复杂地交织在一起。

学园中还有两个多边形的水池，根据包含自然元素的原则，一个向内一个向外，户外也是建筑空间的一部分，当地的荒漠，烟囱的淡烟也是景观的构成。根据这组建筑建造的原则和实现的形式来判定，这显然也是有机建筑。

# 装饰艺术在美国

除去本国的艺术史，美国的代表性建筑更多地参照了欧洲的历史流派（哥特式、巴洛克、雅典风格等），同时"年轻"文化也慢慢汲取新的潮流元素。装饰艺术在这时迅速取得成功，1925 年巴黎博览会后首先在欧洲传播；1929 年美国实施罗斯福新政，也被称为"爵士年代"，装饰艺术的脚步也来到了美国。只不过在美国形成的视觉形象比在欧洲更加极端，以至于有时跟其他风格混在一起，有着夸张的装饰效果。如今在美国有上千座装饰艺术风格的建筑，尤其是纽约、洛杉矶、华盛顿和迈阿密等繁华都市，更多建筑在细节上体现出属于装饰艺术的流派。从建筑的大门、壁画、浮雕、雕塑到家具内饰及各种灯具，装饰艺术的用途非常广泛。

在迈阿密甚至有一个装饰艺术的主题社区。这个社区沿着海滩平行展

下图
**沃德曼和贝克特，泛太平洋体育馆，1935年，洛杉矶，加利福尼亚州，美国**

装饰艺术风格的代表，不太常见的塔的造型，多层平板装饰，色彩鲜明。

20 世纪 80 年代的一场火灾之后被重建为停车场。

开，由许多彩色的小型建筑组成，先后翻修多次，现在看起来就像是动画布景一般。在洛杉矶电影业大发展的年代，装饰艺术还被用于住宅、办公室、电影公司和剧院，总之遍布城市。那个时期的电影场景设计也是受这种风格的启发，进一步推动了其发展和传播。在美国，装饰艺术风格和铸铝结构的结合对于制作摩天大楼外面的巨大标志、建筑上面的尖顶和雕塑起到很大作用。比如纽约的克莱斯勒大厦就综合了哥特式风格和装饰艺术风格，边阿密的丽兹广场酒店、洛杉矶的布洛克·威尔希尔百货公司都是相同的风格。

# 摩天大楼

　　摩天大楼是美国式的发明，是最具象征意义的建筑。这些建筑实现了人类的雄心，从巴别塔到中世纪的高塔本质都是相似的。伴随着科技进步、钢铁结构升级、电梯的发明、无限制的资金投入以及冲入蓝天的灵感，越来越多的摩天大楼拔地而起，实现了工作岗位的高度集中，增加了市中心的密度。这些与欧洲移民建在绿树丛林中独户别墅的风格相去甚远。在摩天大楼中，简化的空间结构和几何的设计将外立面的设计解放出来，这种年轻的不属于任何历史阶层的文化似乎跟任何风格都能起化学反应：强调高度的新哥特风格、文艺复兴风格或者玛雅风格，细节处则有希腊、罗马风格，或者多种风格的混合，多是从欧洲发展而来。在这种氛围中也不难理解为何招标委员会为《芝加哥论坛报》大楼最终选择了约翰·米德·豪尔斯和雷蒙德·胡德的方案。胡德同样还设计了美国散热器大楼（纽约，1924 年）——为哥特和罗马风格，以及同样的麦格劳 – 希尔出版集团大楼（纽约，1930 年）。因为当时的政策要求，高楼的空间构成呈阶梯状，像一座逐级升高的巴比伦金字塔。这种设计起码要兼顾解决三个方面的问题——建筑能够牢固树立、外立面以及高度。

　　洛克菲勒中心（纽约，1932 年）由一系列高度不同的大楼组成，刷新了纽约的地平线。因为技术的巨大进步，外立面设计全部是方格玻璃窗，能看到清晰的水平或者垂直的框架结构，像蒙德里安的方格画作。克莱斯勒大

89页左图
**威廉姆·兰博，帝国大厦外立面，1931年，纽约，美国**

　　帝国大厦建成后多年来一直是世界第一高楼，高达 444 米。于 1929 年经济危机时期开始设计建造，令人吃惊的是，提前一年就已完工。帝国大厦是一栋典型的阶梯状摩天大楼，顶部纪念碑座上安装了警示灯杆，高 70 米。外立面用石质贴面装饰。1945 年大雾导致大厦受到一架军用飞机的撞击，所幸损伤并不严重。

89页右图
**威廉姆·凡·艾伦，克莱斯勒大楼顶部外立面，1929年，纽约，美国**

　　美国最有名的摩天大楼顶部，是装饰艺术风格的作品。顶部为铝制，哥特式轮廓，但呈现出不同的层次，这是装饰艺术的特点。

**左图**
**雷蒙德·胡德，瓦伦斯·柯克曼·哈里森，洛克菲勒中心，1932年，纽约，美国**

　　这是唯一一栋综合体建筑，摩天大楼在中间，统一设计的裙楼如卫星般环绕四周。这个建筑项目通过中央广场，将散落在周围的建筑联结成有机整体，相互之间既独立又和谐。建筑外立面布满方形窗格，在水平和垂直方向上成行排列，让人回想起蒙德里安和艾尔伯斯的设计。

楼（纽约，1929 年），立面设计非常精细，充满维也纳元素，楼顶铸铝的方尖碑介于装饰艺术和哥特风格之间；帝国大厦（纽约，1931 年）建成后就成为当时最高的建筑，顶端是阿兹特克式的金字塔。由乔治·豪和威廉·李思卡泽（凤凰城，1932 年）设计的 PSFS 大楼则完全是另一种，其空间设计是不对称的，因为 1929 年开始的严重经济危机，一直到 1940 年前后，摩天大楼的建设都放缓了，但这栋摩天大楼一直作为标杆建筑存在，甚至在1950 年后还是各个大楼模仿的范本。

# 国家参与下的城市建设

　　1930 年之后几乎所有的欧洲国家都开始面临城市居住人口的问题，但是能够做出的选择却是有限的。大量涌入城市的人口需要栖身之所，城市规划设计的时代来临了。当然每个国家最终都找到了自己的解决办法。德国人按照几何原则来设计社区，建筑的排列都是平行的，保证每栋楼都能得到最大程度的光照。楼层低矮（只有四层），因此没有考虑使用电梯。基本的市民服务就在某一栋楼中或者周围自发性地形成。德国模式也应用在意大利和瑞士。

　　相反，奥地利选择了建设大型封闭的庭院——上百个家庭相邻的聚合单元。这种形式考虑到了人群聚集的社交需求，一些基础服务（幼儿园、急救、娱乐）也设在庭院内部。这也是东欧地区普遍选择的方式。

Fig. 105—General plan of Greenbelt prepared to show outdoor recreational facilities in housing areas. Note the location of play areas for groups of various ages.

在俄罗斯人们尝试的是另外一种形式即人民公社大楼，就是一组大楼呈条状或者十字形排列，比如在莫斯科和伊凡诺沃。这种大楼内要求公共服务（洗衣房、游泳池、集体的客厅）的利用最大化，每个家庭只保留最小的作息空间，其余生活功能尽量在公共空间完成。

荷兰的集体住宅模式则仿效德国，修筑了一些超过 10 层的大楼，实现了格罗皮乌斯的研究。大楼长廊式分布，并且首次使用了预制装配的技术。这些建筑与俄式的公社住宅一起构成了战后柯布西耶的设计焦点向居住单元的转变。

在法国，德国模式变得更加本土化，居住密度更高，设计更有代表性，用更创新的技术来实现（钢铁结构、预制等），比如勒兰西的住宅社区。

英国则一直置身欧洲大陆的讨论之外，仅有少数分布式类型的建筑。

所有上述例子都属于理性主义的范畴，现在在国际上已经达成共识。

建筑史上另外一个有代表性的事件是 1925 年勒·柯布西耶发起组织全欧洲 24 名著名的新派建筑师会聚一堂，成立了国际现代建筑协会，简称 CIAM。 这个组织存在了 10 多年，直到第二次世界大战。建筑师们会聚一堂，对现代建筑的原则进行讨论和定义，议题包括城市的核心、居住问题、城市的修复与规划等。建筑领域的领军者们试图用这种方式建立国际联系，加强相互交流，为城市化确立目标，以期建立一个更好的社会。除去最知名的人，还有法国建筑师皮耶·夏洛（1883—1950 年）和让·吕萨（1892—1966 年），德国人恩斯特·梅和雨果·哈里宁（1882—1958 年），荷兰人吉瑞特·托马斯·里特维德和马特·施塔姆，瑞士人卡尔·莫瑟，奥地利人约瑟夫·弗兰克，意大利人卡洛·恩里克·拉瓦（1926—1957 年）和阿尔贝托·萨特瑞斯（1901—1998 年）。首任大会秘书是西格弗里德·吉提翁（1888—1968 年）。

左上图
**集体社区，1930 年，苏黎世，瑞士**

在苏黎世山丘上建造的大型社区，楼房按照严格的平行线排列。建筑配套设施考虑得十分周全，配有花园。楼房分布考虑了功能和经济的最大价值，即使都是重复的样式，也使居民感到愉悦。

右上图
**克莱恩斯·斯坦因，位置图，1933 年，绿化带，马里兰州，美国**

这座城市花园形似飞来器，适应地形而建，主干道在外侧，居民区之间有环形道路连接。市中心的建筑有市政厅、学校、图书馆，城市外围是绿地和森林，这是设计者在构思时所考虑的。

从 20 世纪初开始形成的建筑学新流派，现在又有了国际性的新发展，在几年的时间里，国际现代建筑协会还吸收了阿尔瓦·阿尔托、理查德·诺伊特拉、前川国男、奥斯卡·尼梅耶，大会影响波及日本、美国、古巴、印度等国家。每次会议结束后均会发布会议文件。1928 年第一次在瑞士拉萨拉兹的会议提出了建筑的基本原则和现代城市的理念，由柯布西耶和格罗皮乌斯联合撰写。1929 年的议题为"生存空间的最低标准"，会议在法兰克福举行，并对提出的概念进行了实验。1930 年会议在布鲁塞尔举行，议题为"居住标准与有效利用土地和资源问题"，并讨论了房屋位置在高处和低处的不同居住类型。1933 年建筑师们搭船从马赛前往雅典开会，并最终发布了《雅典宪章》，讨论功能城市的问题。1937 年在布拉格，协会组织展览以更好地传播自己的理念。协会活动在第二次世界大战后也一直持续，直到 1959 年第 11 次大会时宣布解散。

下图
CIAM，1928 年与会者合影，1928 年，拉萨拉兹，瑞士

合景者为：马特·施塔姆、马克思·恩斯特·赫斐利、鲁道夫·斯泰戈尔、汉斯·施密特、保罗·阿拉塔利亚、费德里克·古布勒、理查德·杜皮耶、皮耶·夏洛、维克多·布儒瓦、恩斯特·梅、雨果·哈里宁、朱安·扎瓦拉、吕西安娜·佛罗伦坦、柯布西耶、海恩·德·曼德尔特夫人、罗沙、安德烈·路卡特、亨利－罗伯特·凡·德·穆赫、基诺·马佐尼、胡布莱切特·胡斯特、西格弗里德·吉提翁、维诺·马克思·莫瑟、约瑟夫·弗兰克、皮埃尔·让纳雷、吉瑞特·里特维德、阿尔贝托·萨特瑞斯、加布·盖佛瑞康、贺南多·格拉西·摩卡达尔（坐着）、韦伯·塔特文森女士、塔特文森。

93

# 德国

　　1920—1930 年德国经济危机期间，建筑领域最主要的活动就是建设接纳更多人口的集体住宅。那一时期的建设基本上是相似的大型社区，注重经济性。社区内一般只有南北朝向的楼房，呈平行排列，这是为了最大限度地利用太阳光照，变化较少。社区并不是封闭的，也没有内部的庭院，社区服务自发开展。最初的社区是两层楼的，比较典型的是四层。格罗皮乌斯曾提出十到十一层的提议，但没有成功实现。建筑规模和房间分布主要依据亚历山大·可雷恩（1879—1961 年）的研究和国际现代建筑协会 1929 年在法兰克福会议讨论的"生存空间的最低标准"的原则，那次会议上第一次为居住的空间和居民数量做出了明确定义。会议文件提出了各项功能和卫生标准，比如每个房间都应当通风，每套住宅都需要配厕所等。1924—1933 年在布鲁诺·陶特（1880—1938 年）的主持下进行的布里茨居民社区（1925—1931 年）是柏林修建的重要社区之一，同样重要的还有汉斯·夏隆设计的西门子城（1929—1932 年）。

　　还有一些社区建立在法兰克福北边郊区。1930 年前后德国住宅发展出新的趋势，远离城市中心建立密集的独户别墅，有些还带着小片菜地，食物自给自足。

下图

**汉斯·夏隆，西门子城外观立面，1929—1932年，柏林，德国**

　　夏隆设计了整个社区的规划和铁路南部三座单独的建筑，一个呈弧形，另外两个呈 V 字形。因为没有电梯，建筑都是中层高度，都是白色的平屋顶，符合理性主义风格。但是夏隆也使用了一些其他元素，比如弯曲凸出的阳台。

# 格罗皮乌斯和大型社区

1928 年离开包豪斯学院后，格罗皮乌斯重新从事建筑师的本行，从那时起他专心研究集体住宅的设计，努力寻找预制技术和能够统一的尺寸和元素。

第一个社区就是德绍的托肯社区（1926—1928 年），均为低矮的两层白色建筑，平顶，呈平行排列：外观看上去非常朴素，但是实现了其理想的建筑体系以及综合的布局安排。1928 年他中标凯尔斯鲁厄的丹默斯托克居住区，楼栋分布继续按照严格的平行线排列。接下来格罗皮乌斯开始研究四、五层的房子并在 1930 年柏林修建的西门子城中进行运用：白色楼房由不断重复的单元构成。为了使空间更具流动性，在外立面设计了双阳台。同时他还开始研究 10 层左右的高层住宅，并制作了模型，但最终并未实现。格罗皮乌斯积极参与国际现代建筑协会，在其中的地位仅次于柯布西耶，在协会中展示了他对住宅研究的成果。后来他因为被纳粹驱逐不得不离开德国（1933 年），并放弃了住宅方面的研究。

下图

**瓦尔特·格罗皮乌斯，西门子城内建筑双面图，1930 年，柏林，德国**

格罗皮乌斯建造了三座建筑，均为四层，楼房样式重复。虽然他的研究较为先进，但这些房子的建造技艺还是传统的。

# 维也纳的集体住宅

1920—1933 年间，维也纳是一座有着良好的市政设施但缺少集体住宅的城市。通过专门的立法和资金支持，短时间内为 30 万人建造了 7000 套住宅，约十分之一的人住进了市政修建的楼房里，也就是所谓的"大院住宅"。这些楼房主要靠近维也纳环城大道东侧，出于军事战略的原因，这片土地历史上一直是国有的。这种建筑的选择主要是时代的因素，将成百上千的家庭紧紧相邻安排在一起。按照维也纳传统，建筑有一个内庭并作为社区的中心和公共空间，或者花园。每个大院配备基本的公共服务，包括幼儿园、浴室和急救等。

这种建筑形式的居住密度非常高。建筑本身没有刻意参照现代主义风格，而是追求国际化，在维也纳学派的基础上注入高雅和都市化的感觉。比

下图
**休伯特·盖斯纳，卡尔塞兹大院，1926年，维也纳，奥地利**

建筑师在建造工人住宅时力图使其有鲜明的特点。下图建筑为英式开敞式半圆形建筑，两侧展开，中间是公共空间，是被建筑环抱的绿地。

如由彼得·贝伦斯、约瑟夫·霍夫曼（1870—1956年）和约瑟夫·弗兰克（1885—1967年）设计的维诺斯基大院（1926年）。而位于恩格斯广场附近新月形的卡尔塞兹大院，有四方形内庭，入口处呈对称的塔状。所有这些例子中卡尔·马克思住宅大院是最具代表性的。纳粹上台后住宅大院的建造中断，但是这种建造模式却在整个俄罗斯地区传播开来（1933—1953年）。

上图

**恩格斯广场，1933年，维也纳，奥地利**

　　广场周围的这组建筑有两座对称的塔形入口，带来一种强烈的都市感。传统的维也纳元素中借鉴了理性主义灵感。

# 杰出作品
## 维也纳卡尔·马克思住宅大院

  这是维也纳俄式建筑中最有代表性的作品。建筑师卡尔·恩（1884—1959 年）是市政建筑师，曾设计过联排的房子，纳粹上台后也设计过其他类型的公共建筑。这个住宅大院是一个超体量的结构，绵延长度超过 1000 米，有 1800 套住宅在其中，花园和内庭服务于其中的 5000 名居民：幼儿园、急救、洗衣房、公共浴室等，还有 25 个商店、药店，顺应时代的需求，里面甚至还设有家装的设计咨询。住宅大院因其独特的形象风格而知名：流线型设计，桃红色的凸起部分依附在红色的主体建筑上，像巨大的日本象形文字或者拟人形：外立面基础造型是拱形（像双腿），双阳台（像双臂），中央高塔（像脖颈和头颅）。将这种碑铭主义以一种有特点的方式融入住宅。一开始鲁斯对此批判颇多，他提倡的是小型住宅。现在 1920—1940 年的大规模住宅城已经成为一段历史的象征。

卡尔·恩，卡尔·马克思住宅大院
一瞥（右图和99页图），设计图（下
图），1930年，维也纳，奥地利

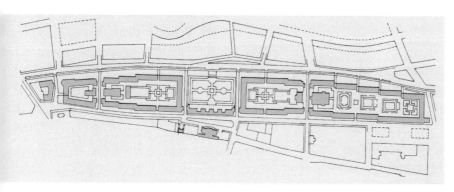

# 德意志制造联盟在维也纳

德意志制造联盟 1932 年决定在维也纳建造一处街区、小住宅区或者大型住宅城。

组织工作由约瑟夫·弗兰克承担，他是阿道夫·鲁斯的学生，参加过 1927 年斯图加特的住宅展览。维也纳的这次展览从设计阶段就排除了标准化的要求和实验性结构的展览，因此这次展览的目的是给出中产阶级的居住样本，研究房屋密度的舒适度，展示设计师的个人理念。与斯图加特的建筑展不同，建筑内饰可以自由发挥，不需要强调功能性。弗兰克邀请了近30位建筑师，尤其是无缘参展斯图加特的，包括鲁斯、里特维德、诺伊特拉、布洛伊尔和路卡特，多半是奥地利人。展览所用的地块平坦，建筑平行分布，留有私人的花园空间，像一个微缩的城市花园模型。有趣的建筑并不是很多，弗兰克设计的别墅有巨大的葡萄藤架，哈里宁作为唯一受邀的德国人设计了一座复式别墅，路卡特设计了四座联排的房子，有圆柱形外观，里特维德设计的是一座三层房子的居住单元。这组建筑几经岁月变迁，至今仍在使用。在展览的同年关于设计曾有一些争议，在争议中德意志制造联盟的奥地利分支瓦解了。1933 年，弗兰克被迫移居瑞士。

101页上图
**安德烈·路卡特，住宅，1932年，维也纳，奥地利**

路卡特，法国理性主义建筑师，建筑了四座联排的二层楼房，后方凸出的圆柱形外观给人印象深刻。

101页下图
**理查德·诺伊特拉，住宅，1932年，维也纳，奥地利**

仅有的几座单层建筑之一，屋顶天台上有葡萄藤架和外部小楼梯，使空间活泼起来。

*左图*
**德意志制造联盟建筑展览平面图，1932年，维也纳，奥地利**

1-3 雨果·哈里宁
4 理查德·巴沃尔
5 约瑟夫·霍夫曼
6 约瑟夫·弗兰克
7 奥斯卡·斯图南德
8 安通·布莱诺
9 卡尔·奥古斯汀内斯·尼伯和奥托·尼德莫瑟
10 沃尔特·鲁斯
11 尤根·沃其伯格
12 克莱门斯·霍兹美斯特
13 安德烈·路卡特
14 沃尔特·色波卡
15 奥斯卡·沃拉齐
16 尤里斯·约瑟克
17 厄尼斯托·普利茨克
18 约瑟夫·温泽尔
19 奥斯沃德
20 厄尼斯托·利特布劳
21 雨果·高基
22 雅各布·克罗格
23 理查德·诺伊特拉
24 汉斯·阿道夫·威特
25-26 阿道夫·鲁斯
27 吉瑞特·里特维德
28 马克思·费勒尔
29 奥托·布洛伊尔
30 马格瑞斯·舒特·利霍兹
31 亚瑟·格林伯格
32 约瑟夫·弗兰兹·德克斯
33 加布·古夫奇恩
34 海尔姆特·瓦格纳·弗瑞史姆

# 荷兰

格罗皮乌斯所研究的超过10层的住宅建筑，几年后在荷兰得以实现。

约翰尼斯·杜克（1890—1935年），一位被批评家误读的建筑大师，1930年撰文支持高层建筑并给出设计模型，展示了其在经济、卫生和功能需要等方面对城市扩张的重要性。杜克的研究超越了奥德和阿姆斯特丹学派研究的两层或者四层建筑，以及代尔夫特学派支持的农庄式的建筑。同样的观点被先锋杂志《八和建筑》所支持。

在青年建筑师中，约翰尼斯·安德烈·布伦克曼（1902—1949年）、林德特·考内利斯·凡·德·乌哥特（1894—1936年）和维勒姆·凡·提真（1894—1974年）在鹿特丹建造了住宅楼伯格普德（1934年）。建筑为了更好地采光呈南北向，楼梯在北侧，共10层，一层有8户。因为有预制的框架结构和木阁楼，房屋建设速度很快。房屋的高度通过一侧的走廊和另一侧的阳台在视觉上取得平衡。外部楼梯外罩玻璃。居住单元内的布局强调功能性，内部过道在设计中被抹去了，加强了单元之间分布的连贯性。之后鹿特丹陆续有类似的建筑建起来，比如普拉斯莱大楼（1938年）。

那个时代的两种建筑模型都没有延续下去，因为第二次世界大战一开始荷兰就被卷入其中。

左下图

**约翰尼斯·安德烈·布伦克曼，林德特·考内利斯·凡·德·乌哥特和维勒姆·凡·提真，伯格普德大楼设计图，1934年，鹿特丹，荷兰**

住宅是按严格的功能性设计的，四方形的房屋内有厨房、浴室，没有过道。客厅有两处窗户，主卧有两扇门。小阳台补充了传统荷兰住宅需要的外部空间。

**约翰尼斯·安德烈·布伦克曼，林德特·考内利斯·凡·德·乌哥特和维勒姆·凡·提真，伯格普德大楼楼梯细节（右下图）和立面（103页图），1934年，鹿特丹，荷兰**

1920年之后欧洲中部的国家也参与到集体住宅的研究中来。格罗皮乌斯、柯布西耶、杜克和许多公司都支持这种类型的研究。第一个例子就是鹿特丹的伯格普德大楼，10层，每层8户分布在长廊中。

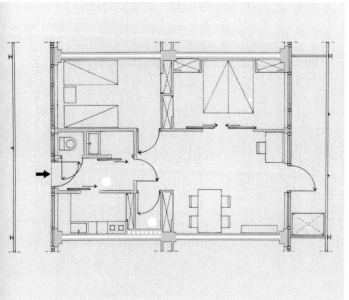

# 法国

　　法国作为欧洲文化最活跃的中心，1920—1940 年间各种流派并存：希波吕忒·亚伯拉罕（1891—1966 年）的立体主义，他设计的巴黎茉莉花街的一处住宅（1923 年）可与捷克立体主义在上萨沃伊区的住宅相比；理性和纯粹立体主义的罗伯特·马雷特·斯提文森，在维也纳和约瑟夫·霍夫曼建立了自己的风格，应用在位于巴黎的自有住宅（1927 年）；亨利·萨特建造了有台阶的房子以及莎玛丽丹百货公司大楼（1928 年）；柯布西耶的建筑；古斯塔夫·佩瑞特的钢筋水泥作品，用于勒兰西市的教堂（1923 年），体现了结构的轻盈，哥特式的高墙是全镂空的；功能主义者皮耶·夏洛本着实验主义的精神将两层建筑改建为玻璃之家，根据尤金·博杜安和马歇尔·洛兹的开放空间学说，外墙全部换为玻璃砖，在采光、内饰和空间分布上都取得创新。这座建筑位于苏雷斯尼（1935 年）。

下图
**皮耶·夏洛和伯纳德·毕沃特，玻璃之家一瞥（下图）和细节（105 页图），1927—1931 年，巴黎，法国**

　　大胆应用新颖技术建造的二层建筑，全玻璃砖的设计。采光是通过外部反射，大厅在第二层，几面墙由固定内饰支撑。

　　1930 年新人文主义重新评价了学院派风格，结合理性新古典主义，应用到很多公共建筑上：巴黎海外博物馆（1931 年）和公共劳动博物馆，夏洛特广场（1938 年）和苏雷尼斯市政厅（1933 年）；还有功能主义者安德烈·路卡特，在设计了位于巴黎瑟拉路的艺术之家后，又将现代派运动精神运用到位于巴黎东南的小镇维勒吉福的卡尔·马克思学院（1933 年）。

　　在集体住宅中比较突出的是里昂的维勒班住宅（1934 年）。1925 年巴黎举行了"艺术、工业与手工业博览会"，从那时起装饰艺术派开始迅速传播。1937 年的博览会则引起了长时间的争论。毕加索的名作《格尔尼卡》也参加了这次展出，而柯布西耶的作品被放置到一个边缘的展厅。

# 英国

1920—1940 年的英国保持着自己的传统，欧洲大陆的影响似乎并未跨越英吉利海峡。从国家高度来看，旋涡主义（1913—1915 年，旋涡运动中的绘画形象）短暂地产生过影响。英国的传统艺术和工匠技术始终还是占上风，乔治·吉尔伯特·斯考特（1811—1878 年）的新哥特风格以及后折中主义的风格，在卡迪夫广场的市政建筑中留下了一些作品。

现代主义运动主要由移民带来，首先是格鲁吉亚人博托德·卢博金（1901—1990 年），他在俄罗斯和法国学校学习过，1930 年开办了塔克顿工作室。工作室为伦敦动物园设计了两座著名的展馆：大猩猩之家和企鹅游泳池。1933—1935 年工作室又在伦敦郊区修建住宅：高点一区，这里应用了格罗皮乌斯的高层住宅研究和柯布西耶的楼顶天台、玻璃带状窗户。1934 年威尔斯·考特斯（1895—1958 年）在汉普斯特德建造了草坪路大楼——走廊式住宅，楼梯在外部，被认为是先锋派风格。布洛伊尔、格罗皮乌斯、蒙德里安都曾前往居住。

1933 年布洛伊尔、格罗皮乌斯、孟德尔松为逃避纳粹迁居英国。因为尚且保守的环境和对外来移民的防备心理，这三位大师并没有太多工作要做。格罗皮乌斯设计了一所学校和几所住宅，孟德尔松赢得了贝克斯希尔的海滨浴场的设计。本地设计师参与得较少，最突出的例子就是由欧文·威廉姆设计的比斯通制药厂（1930—1932 年）——有水泥柱子和玻璃立面的四层建筑。德裔建筑师取得建树的机会较少，这使得他们几年后便纷纷远走美国。

左下图
**塔克顿工作室，高点一区住宅，1933—1935 年，伦敦，英国**

这是英国首座理性主义的住宅。十字形平面，内部椭圆形楼梯。应用了格罗皮乌斯高层住宅的研究和柯布西耶建筑的特点：底层架空柱，楼顶天台，带状窗户。

右下图
**威尔斯·考特斯，草坪路大楼，1932 年，伦敦，英国**

设计师在 1932 年建造了这座大楼，呈六面立方体，长廊式分布，突出的楼梯。对英国来说这是一种创新的设计，一些著名的建筑师如布洛伊尔、格罗皮乌斯和蒙德里安前往居住。

上图
**塔克顿工作室，企鹅游泳池，1934年，
伦敦，英国**

　　这是格鲁吉亚设计师博托德·卢博金的作品。企鹅的滑梯凸出在水池上，像结构主义作品，参考了加博的雕型。水泥结构是根据著名英国工程师奥雅纳爵士的计算进行钢铁支撑的。

# 欧洲20世纪30年代的建筑潮流

　　1930 年之后国际舞台上逐渐出现了一些新的发展趋势。其中最重要的是芬兰建筑师阿尔瓦·阿尔托进入公众视野。虽然芬兰因地处偏远而一直远离欧洲大陆的各种潮流，但在经历了短暂的浪漫主义和新古典主义之后，阿尔托提出了理性主义风格、空间整合和尽量使用天然材料的办法，就像他的国家带给他的灵感。有机的建筑应当是在建筑物和所处的空间之间寻求和谐的平衡，通过三角、曲线、扇形（帕伊米奥结核病疗养院）平面来发展空间，使用简单的材料如砖块和木头，甚至用手工的方式（玛利亚别墅）来取得诗意的效果。紧随其后的是德国有机运动，为夏隆在柏林的建筑活动奠定了前提。

　　其余的建筑派别有：工程师派建筑，使用钢筋混凝土结构（使新技术成为可能的材料）来建造体育馆、桥梁、大棚，设计有很高的审美和形式要求；礼拜仪式对建筑改变的影响，通过对教众与神坛关系的深入研究，几年之内对十几座教堂进行改建；还有基于色彩研究和四季花草搭配的新型英国花园。所有这些现象虽然受时代的限制，但是对建筑行业发展和战后发展的影响是重要的。

# 勒·柯布西耶：1930—1940年的大计划

勒·柯布西耶不仅是一位建筑师，同时也是画家、雕塑设计者、理论家、作家、辩论家、宣传家和展览会议的组织者，他所涉及的活动之广泛是那个时代的建筑师都难以与其比肩的。他的一生几乎都献给了事业，鲜少有自己的私人生活。

20世纪20年代末勒·柯布西耶已经享有国际声誉，接下来的10年他承接了一些大型的设计。在俄罗斯第一个五年计划时期，他提供了"合作大楼"的设计方案（1928—1935年），一个可供3500名职工使用的综合大楼和一个剧院。1925—1932年在巴黎设计了安全部队的驻地。1930年设计了位于巴黎大学城的瑞士学生公寓。

1932年勒·柯布西耶在日内瓦建造了一栋两层的纯住宅大楼，立面使用玻璃，内部使用玻璃砖，因此有"光明公寓"的称呼。这栋大楼实现了勒·柯布西耶自1922年起的构思，两层别墅，每间都有屋顶花园。这个设计在1925年巴黎世博会上就已经在新艺术馆的造型上使用过（此馆后来在博洛尼亚博览会上重建）。

勒·柯布西耶还参与了两项重要的国际竞标：1927年日内瓦国际联盟大楼和1931年莫斯科的苏维埃宫。不过这两项竞标都没有投中，当时的组委会更需要学院派的设计风格。

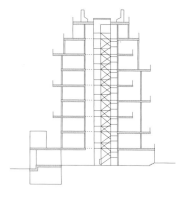

上图和111页图

**勒·柯布西耶，光明公寓设计图局部和前厅部分，1932年，日内瓦，瑞士**

起居室的玻璃是两层高度，阳台和卧室在阁楼。楼梯内部采光较差，因此多采用透明的元素来增加采光。

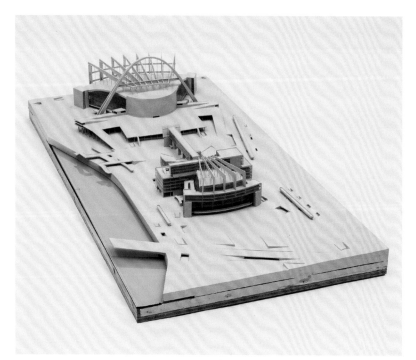

左图

**勒·柯布西耶，苏维埃宫设计模型，1931年，莫斯科，俄罗斯**

这是一个综合性设计，由两个不同大小的扇形会议厅组成。但是这个方案并未被采用，因为当时的组委会更需要学院派设计风格。

　　在这些建筑中，勒·柯布西耶充分体现了他的新建筑五点，用全玻璃立面（莫斯科、日内瓦、巴黎）替换了石质立面，并使用了新的通风系统。建筑空间是在水平方向伸展的平行六面体，附属建筑的自由形态会丰富整体造型，比如莫斯科的大礼堂设计、瑞士学生公寓的楼梯间、安全部队驻地大楼的最高的几层等。整面墙体都使用三原色和几何图形装饰。

　　勒·柯布西耶在莫斯科的投标作品中展示了高超的造型技巧和空间运用水平，1945 年之后的其他作品中他的能力也继续得到体现。

## 杰出作品
# 瑞士学生公寓

1930 年，一所大学的教授们找到勒·柯布西耶，将瑞士学生公寓的设计工作交给他。刚刚在日内瓦国际联盟大楼的竞标中失利，勒·柯布西耶联合他的侄子皮埃尔·让纳雷一起接受了这个任务。第一个方案失败后，勒·柯布西耶重拾他三年前提出的新建筑五点，在宿舍的设计上提出：底层架空，向南的立面全是玻璃，屋顶有天台和日光浴晒台。楼层结构分布十分简单，三层楼房结构相同，长长的走廊，房间沿着走廊一字排开。立面的实体部分外覆石头。门厅和楼梯在大楼主体外部，为了搭配主楼规整的几何形体，楼梯采用 S 形，无窗的凹曲墙面，这是建筑师从画家和纯粹主义雕塑家那儿得来的灵感。

这栋建筑是典型的理性主义风格，因与当时巴黎社会的主流风格不符而不被接受，在瑞士也引起了公众和报纸的批判。无论如何，瑞士学生公寓作为勒·柯布西耶的首个大体量建筑作品被载入史册，也是当代作品中非常重要的一个。

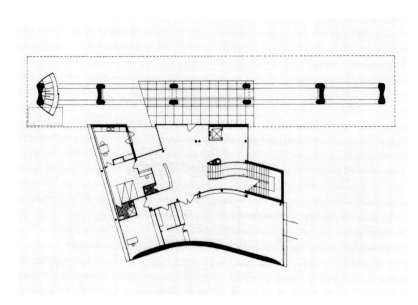

左图

**勒·柯布西耶，瑞士学生公寓平面图，1930—1932年，巴黎，法国**

平面图可以清楚地显示大师做出的时代选择：建筑是完美的长方形，底层在架空柱上。只有门厅是直接建在土地上的。

**勒·柯布西耶，瑞士学生公寓外部楼梯位置（下图）和立面（112页图），1930—1932年，巴黎，法国**

架空的底层主要作用是空间开敞和使行人车辆通过，整齐的玻璃窗户和屋顶嵌在水泥墙内。

# 阿瓦尔·阿尔托：早期作品

因为远离欧洲大陆，芬兰有自己的一段建筑史。19 世纪末到 20 世纪初的芬兰建筑以民族浪漫主义为特点。阿尔瓦·阿尔托（1898—1976 年）在这种环境下成长起来，经历过古典主义，后来在有机建筑形态方面展示出超凡的能力，总能够创造出基于手工传统的新形式，从个人角度对理性主义进行再造。但是这位建筑师没有发表过任何文章。阿尔托的作品中，对现代派风格进行最佳诠释的例子就是帕伊米奥结核病疗养院（1933 年）——不同楼栋之间按功能区分，平面为扇形分布，面向阳光和树林。1931 年阿尔托设计了图尔库一间报馆的办公楼与印刷车间，屋顶使用很多瓦片，这种形式后来在很多工厂的设计上被复制。1935 年的维堡图书馆由不同的空间结合在一起，在其中引入自然光，讲演厅里是木质天花板。1937 年巴黎世博会芬兰馆的设计体现了使用木材的特色，1939 年纽约博览会也是如此。在展馆中一面墙是

阿尔瓦·阿尔托，图书馆大厅（左下图）和讲演厅的波浪形屋顶（右下图），1935 年，维堡（原属芬兰），俄罗斯

图书馆的中心空间采光由自然光线和人工光线结合，上下两层空间由灵活设计的楼梯连接。讲演厅的顶棚用木条钉成波浪形，为了达到更好的声学效果，也为了达到更好的审美效果，空间的流动性也由此调动起来。后来在 1935 年纽约展览的芬兰馆中也在墙壁上应用了这个设计。

曲线的木质饰面，将室内空间的动势和缓地调动起来，用一种简单的形式实现了芬兰传统的装饰风格，同时又达到了手工艺家具般的细节质量。

　　上述特点在 1939 年的诺尔马库玛利亚别墅里再次体现，这座别墅设计的时间处在上述两个世博会之间，正是他绝佳的探索机会：别墅围绕花园呈L 字形平面，装饰融入树林的自然环境中，柱子和水池都是自然弯曲的形状。手工加工的痕迹，比如木质和钢管结合的楼梯，凸出的三角形窗户，是为了获得更多光线。房屋外墙用了几种不同的材料，有白粉墙、木板条饰面和打磨光滑的石饰面。40 岁左右时阿尔托已经是一个建筑大师，他是空间和材料技艺的诗人，诠释了自然环境与人文活动的完美结合，这些成功的元素后来反复出现在其他作品中。

上图
**阿尔瓦·阿尔托，玛利亚别墅柱子和窗户细部，1939年，诺尔马库，芬兰**

因为没有过多的束缚，阿尔托在这座建筑中进行充分的探索和实验：柱子非常细，支撑着上面的木棚，这个设计也用在两年前的巴黎世博会芬兰馆中。别墅使用的主要是木材、水泥和金属。每种建筑元素的运用都是阿尔托自己研究的结果，比如凸出的三角形窗户朝向树林以获得更多采光。

# 杰出作品
## 帕伊米奥结核病疗养院

本方案赢得了 1933 年的竞标，是一组经过精心布置的建筑。疗养院隔绝在芬兰南部的树林里，由不同功能的大楼组成——病房楼、接待处、公共空间等。这是阿尔托有机建筑原则的典型范例，建筑适应地形而分布，楼房相互之间的关系并不严格约束，而是都和谐地融入自然。这还是阿尔托第一次使用扇形和曲线分布的建筑，后面在其他作品中多次成功复制，在这种设计中内外部空间渗透统一。建筑朝向注意有效采光。为了使病人得到更好的康复，走廊的起居室采用玻璃墙来获得温室效应，使得建筑从早晨到下午都有适宜的温度和光线，这是另一处考虑周边环境的因素。主体结构呈树形，中间的柱子支撑着凸起的楼板，使得立面得以挣脱框架结构的束缚，带状窗户保持连续。从实体墙到全玻璃墙，从带状窗户到凸出的阳台，建筑风格主要是理性主义，杂糅了其他元素。建筑内房间和楼梯的设计也都由阿尔托完成。

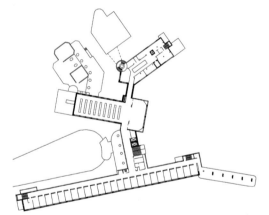

上图

**阿尔瓦·阿尔托，帕伊米奥结核病疗养院平面，1933年，帕伊米奥，芬兰**

建筑融入树林中，分散的建筑物都可以朝向阳光。

# 德国有机建筑

德国是最严格的理性主义的发源地，但同时这里也有有机建筑流派的成长。这个流派的建筑师都经历过表现主义，主要有雨果·哈里宁（1882—1958年）和汉斯·夏隆（1893—1977年）。哈里宁在20世纪20年代初跟密斯·凡·德罗共用一间工作室，他是工程师和作家，"环社"小圈子的灵魂人物，把所有年轻的建筑师聚拢在一起：他们认为设计不应该来自于预设的和不变的规则，而应该脱胎于建筑所处的环境和用户的需求，不应该是无生气的，而应该使用当地的材料。如果说在柏林的集体住宅要适应理性主义，那么1926年建成的路贝卡加考农庄的独户别墅中圆润的外形和木质、砖墙组合的丰富立面则是有机建筑的典型。哈里宁的朋友汉斯·夏隆是受孟德尔松表现主义灵感启发的水彩画家（1922—1923年），在几次竞标中表现出很大的创造力。夏隆也参加过几次住宅展，他的作品表现出突出的圆润处理的方式，比如在威森霍夫住宅展。有时他的设计非常自由，比如在卢堡的施明克住宅（1933年），建筑师对整个建筑进行了创意的设计，将楼板以有机方式结合，宽大的阳台和独立的柱子，建筑是全玻璃的。是第一次世界大战后德国设计师的样板。

上图

**汉斯·夏隆，施明克别墅，1933年，卢堡，德国**

与同时期的密斯·凡·德罗的图根哈特别墅和柯布西耶的萨沃伊别墅不同，这座别墅式为不规则的平面设计，整栋朝向风景，明显受到孟德尔松的影响。立面全为玻璃可以使内外空间最大限度地连通一体。就像一条船的流线型船身后侧，停泊朝向所属的工厂。

# 新式英国花园

　　花园作为一个单独门类的设计在每个时代中都有自己清晰的特征和定义：意大利式的、法式的、英式的、日式的和中式的，等等。20世纪初英国花园设计开始引入新的理念，寻求花园和风景之间的和谐，或者说自己家花园与周边风景的和谐，花园的四季变换的设计和欣赏应与周围的环境有机地融为一体。花园的美丽很大程度上归功于花草和色彩，这是所谓的"艺术花园"。

　　这种风气是由一位英国上层资产阶级的格特鲁德·杰基尔女士（1843—1932年）开创的，从20世纪开始她与风景设计师埃德温·勒琴斯（1869—1944年）合作，后者是新德里的城市设计师。埃德温用新的哲学设计了超过上百座花园，并在很多手稿中表达了新的思想，尤其是《花园色彩方案》一文：这是一部讲述如何搭配一年四季的花草灌木以取得优美效果的手稿，结合了艺术家的敏锐和植物学家的经验。花园由各种形状的花坛组成，形状各异，当然是属于折中主义的流派及新艺术装饰风格。与此相对，有的花园里会留下一块地方给那些自发生长未经修饰的花草去展现身姿。除了艺术花园，威廉姆·罗宾森（1838—1935年）将"野生花园"的设计引入进来并理论化，用同样多的心思去设计搭配，使花草自发生长出一种天然的效果。两种理论都取得了成功，1930年之后越来越多的花园用这两种设计，或者组合在一起。

下图

**格特鲁德·杰基尔，曼诺住宅花园，1908年，厄普顿·格雷，英国**

　　这是最早的"艺术花园"的代表作，没有树，所搭配的花草灌木都是本地的且随着季节变换，组合起来以创造强烈的诗意，因此像风景中一座独立的花岛。

121页图

**威廉姆·罗宾森，尼法花园，1922年，拉蒂纳，意大利**

　　"野生花园"在概念上与"艺术花园"相反，花园保留着自然设计的状态，但同样基于植物学知识精心设计，都是折中主义的后裔。这座花园在意大利，风格与中世纪遗迹非常和谐。

# 瑞典

现代建筑直到 1930 年之后才到达瑞典。在瑞典有建筑师埃里克·古纳·阿斯普朗德（1885—1940 年），他在经历了一段时间对古典传统样式的研究之后逐渐形成自己的风格并开始设计理性主义作品，比如斯德哥尔摩的布兰登伯格杂志社大楼（1935 年）和哥德堡市政府的扩建（1937 年）。后面这栋建筑与周围 19 世纪的建筑在外立面上取得了比例上的平衡，建筑内部则像是覆盖的广场，白色长廊有一排办公室，木饰墙面。类似于赖特的拉肯公司和庄臣公司大楼的特点，建筑师追寻的公共空间的功能和寒冷国家空间封闭的要求都达到了。阿斯普朗德最富有意义的特点是将成熟的古典主义和简化的理性主义结合起来。1928 年建成的斯德哥尔摩图书馆，中间是高耸的圆柱体，外围一圈是低矮的正方体，有些启蒙主义风格，也受 18 世纪后现代主义的先驱、富于幻想力的法国建筑师路易斯·布雷的影响。1940 年建成的斯德哥尔摩森林公墓有着方形平面的柱廊，中央有方形蓄水池，灵感来自周围风景：公墓的位置在平缓的山坡上，后面是大片的草坪，沿着步道可以通向圣十字教堂等，最终走向纪念林。在丹麦，理性主义的代表者就是阿诺·雅各布斯（1902—1971 年），他是建筑师和设计师，1935 年在哥本哈根设计了贝利沃住宅：白色的楼梯，平屋顶，向着大海 V 字形敞开，住宅单元呈锯齿形分布。阿诺还设计了奥尔胡斯市政厅（1941 年），整栋建筑是不对称的体量组合，有一处高塔，是致敬杜多克之作。

下图
**埃里克·古纳·阿斯普朗德，图书馆外部，1928 年，斯德哥尔摩，瑞典**

低矮的六面立方体是办公室，中间圆柱体是阅览厅。两者有着巧妙的比例平衡。

# 德国宗教建筑的改建

在 20 世纪 20 年代德国形成了礼拜仪式运动，目的是研究改变教堂的设计，使得信徒的会议厅能够更直接方便地进行宗教仪式。发起这个运动的神学家叫罗马诺·瓜蒂尼（意大利维罗纳人，但是居住在德国，1930 年之后受密斯的影响），于 1918 年在第一次世界大战后发表《宗教仪式的精神》一文。在罗滕费尔斯城堡的骑士厅建筑师们实验了新的设计。其中有发起人鲁道夫·施瓦茨，还有埃米尔·斯戴凡、赫曼·鲍尔、弗里茨·梅茨格以及多米尼库斯·波姆。他们在瑞士和德国改建了许多不同的教堂，力图缩短内殿与大厅之间的距离，缩短圣坛与信众之间的距离。

鲁道夫·施瓦茨（1887—1961 年），理性主义者，曾追随包豪斯学派。他为穷人设计教堂，运用一些基础的空间组合，比如 1930 年德国亚琛的基督圣体教堂。多米尼库斯·波姆（1880—1955 年）建造了有象征意义的造型艺术教堂，比如 1931 年圣安吉尔博特教堂，圆形平面，砖形拱支撑着圆顶，是将 1922 年和马丁·韦伯的共同设计付诸实施，这是礼拜仪式运动的首个作品。

另外一位相关的建筑师是埃米尔·斯戴凡（1899—1968 年），他通过非常简单的建筑来实现目的，就是所谓的"干草房式教堂"——这种命名的由来最早来自于 13 世纪。这群建筑师们还参与了许多宗教建筑的改建，一直活跃到 20 世纪 50 年代。

**左下图**

**多米尼库斯·波姆，圣安吉尔博特教堂外部，1931年，科隆，德国**

建筑师力图使得信众可以围绕圣坛，通过圆形的平面设计，由圆顶加强这种感觉。建筑的原创性非常强，受新哥特式风格的影响，也有中世纪的元素，空间组合具有流动性，采光效果也较好。

**右下图**

**鲁道夫·施瓦茨，基督圣体教堂外部，1930年，亚琛，德国**

通过简化内殿使信徒们纵向面对圣坛，而讲道台在大殿中间，结构有意设计得非常简单。

# 结构工程师的建筑设计

　　每座建筑都有隐藏在内部的骨架结构，但也有些建筑出于功能性的考虑只需要建造骨架结构，比如桥梁、温室和看台棚。

　　除了建筑师之外，也有一些结构工程师将新的建造技术与形式的研究结合起来，使建筑达到了高度的审美效果。但这些人物都是在各自的领域里，相互没有什么联系。其中最著名的大概是罗伯特·马亚尔（1872—1940年），他既是工程师又是企业家，1905年取得一些成功经验之后，后面他的桥梁设计多采用中空箱体式断面三铰拱。在圣彼得堡生活了一段时期后（1915—1918年），马亚尔回到瑞士。1925年设计的夏拉特过水桥及十几座桥梁都体现了较高的设计水平，其中1932年设计的菲尔塞格斯桥便用平行拱，1939年在格斯塔特使用三角形的支撑拱。1932年在陶斯的人行便桥以及1933年在施万德巴赫桥中都采用了十分大胆的设计。每次马亚尔发明一种新桥梁制式，所选择的都是审美效果最好的。

　　还有其他工程师也在进行类似的研究，意大利人皮埃尔·路易吉·诺威（1891—1979年）于1932年设计建造了佛罗伦萨体育馆，它的阶梯座位和柱子的水泥结构都裸露在外，向外凸出的曲线像构成主义雕塑。后来1935—1940年诺威又设计了飞机棚，用水泥和钢铁做成，这些结构紧密连接起来有点像柳条筐的造型，但是用水泥做拱形支撑。

　　取得同样成就的还有西班牙人埃德瓦多·托莱亚（1899—1961年），他将马德里萨苏艾拉跑马场设计成贝壳型结构，这种造型在第二次世界大战后广为流传。

左图

**罗伯特·马亚尔，桥，1933年，施万德巴赫，瑞士**

　　当时最新颖的桥梁设计之一。因为道路是弯曲的，选用的桥板非常薄，由箱型三铰拱支撑。桥体非常通透，没有破坏周围山区的景色。

上图
**皮埃尔·路易吉·诺威，飞机棚，1939年，奥尔贝泰洛，格罗塞托，意大利**

诺威为航天局设计了若干不同的飞机棚，用一种菱形结构将支架连在一起。结构细巧，容易安装。但是后来几乎都拆掉了，除了在马尔萨拉留下一个。

# 图片版权